Ist die Welt noch zu retten?

Reiner Manstetten · Malte Faber

Ist die Welt noch zu retten?

Zur Enzyklika Laudato si´ von Papst Franziskus

Reiner Manstetten
Philosophisches Seminar
Universität Heidelberg
Heidelberg, Deutschland

Malte Faber
Alfred-Weber-Institut für Wirtschaftswissenschaften
Universität Heidelberg
Heidelberg, Deutschland

ISBN 978-3-662-71818-6   ISBN 978-3-662-71819-3   (eBook)
https://doi.org/10.1007/978-3-662-71819-3

Die Deutsche Nationalbibliothek verzeichnet diese Publikation in der Deutschen Nationalbibliografie; detaillierte bibliografische Daten sind im Internet über https://portal.dnb.de abrufbar.

Planung/Lektorat: Renate Scheddin
Springer ist ein Imprint der eingetragenen Gesellschaft Springer-Verlag GmbH, DE und ist ein Teil von Springer Nature.
Die Anschrift der Gesellschaft ist: Heidelberger Platz 3, 14197 Berlin, Germany

Dieses Buch ist

Klaus Jacobi

gewidmet.

Danksagung

Unser erster Dank gilt Klaus Jacobi. Viele Anregungen aus den Gesprächen über die Enzyklika Laudato si', die wir mit ihm mehr als drei Jahre lang geführt haben, sind in unseren Text eingeflossen. Darüber hinaus hat er den gesamten Text ausführlich sprachlich und inhaltlich kommentiert und mit uns diskutiert. Die Widmung an ihn ist Ausdruck unserer Dankbarkeit.

Monika Kloth-Manstetten danken wir für die sorgfältige Korrektur des gesamten Buches und für kritische Einwände. Weihbischof Rolf Lohmann und den Mitgliedern des ökologischen Arbeitskreises der Katholischen Bischofskonferenz danken wir für die Möglichkeit, unsere Überlegungen zu Laudato si' zur Diskussion zu stellen. Ihre Kommentare haben uns wichtige Hinweise gegeben. Karl Steininger danken wir für die Veröffentlichung der Zusammenfassung unseres Buches in einem von ihm und Thomas Gremsl herausgegebenen Sammelband der Zeitschrift Gesellschaft & Politik (Manstetten/Faber 2025). Joachim Drumm und Ulrich Deutschmann haben uns mit ausführlichen Kommentierungen und konstruktiver Kritik hilfreich unterstützt. Für Anregung, Unterstützung und vielfältige Ermutigung danken wir Ute Beckel-Faber, Marc Frick, Bernd Klauer, Philipp Krohn, Andreas Kuhlmann, Renate Lackner, Harry Liebersohn, Andreas Löschel, Raina Rajeswari, Marco Rudolf, Mario Schmidt, Bernhard Petermann, Thomas Petersen und Michael Willfort. Ein eigener Dank gilt den Mitgliedern des Circle of Ecological Economic Elders (CoEEE), eines Beratergremiums zu Umweltfragen beim Vatikan in den Jahren 2021 bis 2022, insbesondere Clóvis Cavalcanti, Herman Daly, Peter May, Richard Norgaard, William Rees, Maria und Peter Victor.

Inhaltsverzeichnis

Vorwort

Als Papst Franziskus 2015 die Enzyklika *Laudato si'* veröffentlichte, stellte dies ein Novum dar. Erstmals in ihrer Geschichte hatte die Katholische Kirche sich die Idee einer globalen sozial-ökologischen Wende ausdrücklich zu eigen gemacht. Die Enzyklika trägt ihren Namen gemäß „dem wunderschönen Hymnus des heiligen Franziskus von Assisi"[1], der mit „Laudato si'" überschrieben ist. Daraus werden die folgenden Zeilen zitiert:

„Gelobt seist du, mein Herr,
mit allen deinen Geschöpfen,
zumal dem Herrn Bruder Sonne,
welcher der Tag ist und durch den du uns leuchtest.
Und schön ist er und strahlend mit großem Glanz:
von dir, Höchster, ein Sinnbild.

Gelobt seist du, mein Herr,
durch Schwester Mond und die Sterne;
am Himmel hast du sie gebildet,
klar und kostbar und schön.

---

[1] Laudato si' (im Folgenden abgekürzt: LS), Abschnitt 87. Da Laudato si' in unterschiedlichen Ausgaben kursiert, zitieren wir nicht nach der Seitenzahl, sondern nach der jeweiligen Abschnittsnummer. LS 87 bedeutet demgemäß: Enzyklika Laudato si' von Papst Franziskus über die Sorge für das gemeinsame Haus, Abschnitt 87. Die hier wiedergegebenen Zitate sind entnommen der deutschen Übersetzung der vierten Auflage von 2018.

Gelobt seist du, mein Herr,
durch Bruder Wind und durch Luft und Wolken
und heiteres und jegliches Wetter,
durch das du deinen Geschöpfen Unterhalt gibst.

Gelobt seist du, mein Herr,
durch Schwester Wasser,
gar nützlich ist es und demütig und kostbar und keusch.

Gelobt seist du, mein Herr,
durch Bruder Feuer,
durch das du die Nacht erleuchtest;
und schön ist es und fröhlich und kraftvoll und stark."[2]

Wenngleich Papst Franziskus mit Laudato si' Neuland betrat, sah er sich in der Tradition des Franziskus von Assisi, dessen Lebensführung er als Vorbild für das ansah, was die Enzyklika mit ihren Überlegungen mitteilen möchte:

„Ich glaube, dass Franziskus das Beispiel schlechthin für die Achtsamkeit gegenüber dem Schwachen und für eine froh und authentisch gelebte ganzheitliche Ökologie ist. Er ist der heilige Patron all derer, die im Bereich der Ökologie forschen und arbeiten, und wird auch von vielen Nichtchristen geliebt. Er zeigte eine besondere Aufmerksamkeit gegenüber der Schöpfung Gottes und gegenüber den Ärmsten und den Einsamsten. Er liebte die Fröhlichkeit und war wegen seines Frohsinns, seiner großzügigen Hingabe und seines weiten Herzens beliebt. Er war ein Mystiker und ein Pilger, der in Einfachheit und in einer wunderbaren Harmonie mit Gott, mit den anderen, mit der Natur und mit sich selbst lebte. An ihm wird man gewahr, bis zu welchem Punkt die Sorge um die Natur, die Gerechtigkeit gegenüber den Armen, das Engagement für die Gesellschaft und der innere Friede untrennbar miteinander verbunden sind."[3]

---

[2] Ibd.
[3] LS 10.

1

Einleitung

1.1 Laudato si' – religiöse Botschaft in einer säkularen Welt

Eine Enzyklika ist ein offizielles Rundschreiben, worin der Papst, das Oberhaupt der Römisch-Katholischen Kirche, gläubigen Katholiken Orientierung für ihren Glauben und ihre Lebensführung bietet.[1] Thema einer Enzyklika sind Fragen der Glaubensverkündigung und Sittenlehre. Indem die Enzyklika Laudato si' in ihr Zentrum die ökologische Krise, den destruktiven Umgang der Menschen mit ihren natürlichen Lebensgrundlagen gestellt hat, erweitert sie den Rahmen dessen, was in den Bereich der Glaubensverkündigung und Sittenlehre gehört. Angesprochen werden nicht nur Katholiken und Christen anderer Konfessionen, sondern *alle Menschen guten Willens*[1].

Laudato si' sieht die ökologische Krise und die sozialen Verwerfungen der Gegenwart eng miteinander verknüpft und spricht ohne Umschweife kritische Punkte der Entwicklung der heutigen Menschheit an. Auch komplexe Fragen werden ohne Scheu vor Details in eine umfassende und ganzheitli-

---

[1] Die Vorlagen für den Text einer Enzyklika werden in der Regel von mehreren Autoren formuliert. Vieles aus diesen Vorlagen wird direkt in den endgültigen Text übernommen, vor allem wenn es um Detailwissen aus unterschiedlichen Bereichen geht. Für die Formulierungen der publizierten Endfassung übernimmt der Papst die Letztverantwortung. In unserem Buch sprechen wir im Allgemeinen von den Autoren der Enzyklika im Plural. Wenn wir aber den Eindruck haben, einer persönlichen Stellungnahme des Papstes zu begegnen, sprechen wir von Papst Franziskus als dem Verfasser von Laudato si'.

R. Manstetten und M. Faber, *Ist die Welt noch zu retten?*,
https://doi.org/10.1007/978-3-662-71819-3_1

che Sicht eingebettet. Innerhalb ihres theologischen Rahmens nimmt die Enzyklika das Wissen der Welt über Wasser, Luft, Klima, Biodiversität, Abfall sowie über technische, politische, soziale und kulturelle Entwicklungen ernst. Laudato si' verliert sich jedoch niemals in Details. Maßgeblich bleibt der Blick auf Gott, Mensch und Schöpfung und ihren unlösbaren Zusammenhang.

Zwar hatten sich Katholiken wie auch Angehörige verschiedener Bekenntnisse schon seit Jahrzehnten in ökologischen Bewegungen engagiert. Aber neu war es, dass ihr Anliegen vom Oberhaupt der Katholischen Kirche mit ihren heute ca. 1,4 Mrd. Mitgliedern in das Zentrum einer offiziellen Verlautbarung gestellt wurde. „Die Herausforderung der Umweltsituation, die wir erleben, und ihre menschlichen Wurzeln interessieren und betreffen uns alle"[2], heißt es in Laudato si'. Papst Franziskus sah sich veranlasst, Antworten aus katholischer Sicht zu geben. Wissenschaftliche Erkenntnisse, ethische Forderungen, vor allem aber Sinndeutungen aus dem Geist des Christentums und der kirchlichen Überlieferung sollten Auswege aus der Umweltkrise *und* aus den gesellschaftlichen Verwerfungen der Gegenwart zeigen. Dem ökologischen und gesellschaftlichen Engagement sollte durch religiöse und spirituelle Perspektiven eine neue Ausrichtung geboten werden. In Laudato si' geht es um nichts Geringeres als die Rettung der Welt.

Mit seiner Positionierung auf einem Feld, das von den Bereichen traditioneller Glaubens- und Sittenlehre weit entfernt liegt, zeigte Papst Franziskus Risikobereitschaft und Mut. Er hatte erkannt: Wenn die Kirche angesichts der Überlebensfragen der Menschheit stumm bliebe, zu was sollte sie dann noch Gehör erbitten? Seit der Veröffentlichung von Laudato si' können Katholiken, die sich für eine nachhaltige Lebensweise und den Schutz des nicht-menschlichen Lebens einsetzen, auf Rückendeckung seitens ihrer Kirche und Unterstützung durch ihre Organisationsstrukturen hoffen.

Das Jahr 2015, das Erscheinungsjahr von Laudato si', war der Beginn einer Phase, in der es wie ein Ruck durch die Welt ging. Weitreichende Lösungsvorschläge gelangten damals auf die Agenda von Politik, Wirtschaft und Gesellschaft. Beispiele dafür sind das *Pariser Klimaabkommen* von 2015, die *17 Sustainable Development Goals* der UNO oder der *Green Deal* der EU. Gleichzeitig fand mit Bewegungen wie *Fridays for Future* ein neues ökologisches und soziales Engagement breite Unterstützung. Innerhalb dieser Dynamik nahm Laudato si' eine besondere Stelle ein. Denn indem die Enzyklika die heutige Krise vor allem in ihren religiösen Dimensionen interpretierte, bot sie Aussichten für die Gegenwart und die Zukunft, wie sie eine nicht-religiöse Welt nicht kennt.

Die Welt sieht im Jahre 2025 jedoch ganz anders aus als 2015. Klima und Umwelt scheinen gegenüber anderen Themen – Krieg, Migration, Wirtschaft, soziale Spaltungen, Ungleichheit, Gefährdung rechtsstaatlicher Demokratien etc. – in den Hintergrund zu treten. Wir sind aber überzeugt, dass die Anliegen von Laudato si' heute mehr denn je von Bedeutung sind. Gerade nach dem Tod von Papst Franziskus ist zu hoffen, dass Menschen, die für die Bewahrung der Natur und für Gerechtigkeit in den menschlichen Gesellschaften eintreten, sich mitreißen lassen von der Begeisterung für die Schönheit alles Geschaffenen und für die Schöpferkraft des menschlichen Geistes, wie sie in vielen geradezu poetischen Passagen der Enzyklika zum Ausdruck kommt.

Als bleibendes Vermächtnis des Pontifikates von Papst Franziskus erscheint Laudato si' als ein Leuchtzeichen in den, wie Friedrich Hölderlin sagt, „Fluten der Zeit"[3]. Angesichts dessen haben wir, die Autoren der folgenden Überlegungen, uns gefragt: Ist es angebracht, unsere nicht selten kritischen Gedanken zur Enzyklika jetzt nach dem Tod von Papst Franziskus zu veröffentlichen? Wir haben diese Frage mit Ja beantwortet. Denn Papst Franziskus hat sich mit Laudato si' in der Welt des Politischen und Sozialen eindeutig positioniert und wollte sowohl der kirchlichen Gesellschaftslehre als auch der Ökologiedebatte neue Impulse geben. Er wollte gewiss nicht, dass seine Positionierung neutralisiert würde, indem man sagt: Man müsse doch froh sein, dass die Kirche sich überhaupt und dann gleich so intensiv und enthusiastisch auf Umweltfragen einlasse, demgegenüber sei genaueres Hinschauen und gründliches analytisches Lesen des in Laudato si' Gesagten kleinliche Krittelei. Der Bedeutung von Laudato si' gerecht werden heißt unseres Erachtens das Gegenteil. Es heißt, den Text als ein Angebot zum Dialog anzunehmen, Anregungen und Anstöße aufzugreifen, Fragwürdiges zu benennen, kontroverse Thesen und Überzeugungen zur Diskussion zu stellen und über den Wortlaut hinaus grundsätzlich über die Bedeutung des christlichen Glaubens im Ringen um eine nachhaltige Entwicklung der Menschheit im Einklang mit der Natur nachzudenken.

Unsere Auseinandersetzung mit Laudato si' hat einen persönlichen Hintergrund: Im Jahre 2021 fand sich auf eine Einladung aus Rom hin eine Gruppe von Forschern der internationalen Forschungsrichtung der Ökologischen Ökonomie *(Ecological Economics)* zu einem *Circle of Ecological Economic Elders* (CoEEE) zusammen, um in Kooperation mit zuständigen Stellen des Vatikans entscheidende Impulse der Enzyklika mit ihren eigenen wissenschaftlichen Erkenntnissen zusammenzuführen.[4] Zu diesem Kollegium gehörte auch einer der Autoren der folgenden Überlegungen, Malte Faber. Im Laufe seiner vierzigjährigen Tätigkeit im Bereich der Ökologischen Ökonomie und der interdisziplinären Umwelt- und Nachhaltigkeitsforschung waren ihm die religiösen und spirituellen Dimensionen der Frage nach den Lebensgrundlagen der Menschheit und der Bewahrung der Schöpfung bewusst geworden. Er sah in Laudato si' Potenziale, die Bedeutung dieser Dimensionen ins allgemeine Bewusstsein zu rücken.

Allerdings traten in den Diskussionen im CoEEE Spannungen zwischen den Standpunkten der Katholischen Kirche und den Positionen der Wissenschaftler zutage, die letztlich nicht ausgeglichen werden konnten. Es tat sich eine Kluft auf, wie sie auch den Text des päpstlichen Dokumentes durchzieht: auf der einen Seite die Katholische Kirche, auf der anderen Seite die Natur-, Wirtschafts- und Sozialwissenschaften von heute. Da diese Problematik im CoEEE nicht transparent gemacht werden konnte, wollen wir, was seinerzeit im CoEEE nicht gelang, hier nachholen. Über den Rahmen der Enzyklika hinaus wollen wir hier zum einen das Ausmaß dieser Kluft zwischen Wissenschaft und Religion (im Sinne des Christentums) bewusstmachen, zum anderen aber Vorschläge bieten, wie man die Kluft überbrücken, wie man von einer Seite zur anderen und wieder zurückgelangen und relevante Aspekte beider Seiten zusammenführen könnte. Denn für das Verständnis und für Lösungen der gegenwärtigen ökologischen Krise der Menschheit erscheint es uns essenziell, sie in einem von beiden Seiten inspirierten Zusammenwirken zu sehen und anzugehen.

Für unsere folgenden Überlegungen ist es daher wichtig, zwei Sinnebenen zu unterscheiden: die des Säkularen und die des Religiösen. Auf der Sinnebene des Säkularen finden die Diskurse der Wissenschaften statt, die die Probleme von Gesellschaft, Ökonomie und Ökologie so thematisieren, dass operationalisierbare Lösungen prinzipiell möglich erscheinen. Ihren Sinn und ihre Bedeutung gewinnen sie, indem sie, was sichtbar ist oder was sich durch methodische Forschung mit Apparaten wie Teleskopen und Mikroskopen sichtbar machen lässt, durch Theorien in systematischen Zusammenhängen darstellen. Empirie und Theorie als Aufbereitung empirischer Daten in der Weise, dass Ordnungen, Muster oder Gesetzmäßigkeiten erkennbar werden, die die Formulierung von Problemen und von Lösungen ermöglichen – das gehört zur Sinnebene des Säkularen. Auch Laudato si' arbeitet immer wieder mit Begriffen und Konzepten, die im Säkularen Verwendung finden. Das ist unerlässlich: Denn die Daten der ökologischen Krise lassen sich ja nur auf der Sinnebene des Säkularen feststellen, und die Krise selbst kann im ersten Zugriff nur mit Begriffen und Konzepten der Natur-, Wirtschafts- und Sozialwissenschaften als Krise identifiziert und beschrieben werden. Für sie gilt: In ihren Diagnosen und in ihrer Politikberatung für eine ökologische Umgestaltung von Wirtschaft und Gesellschaft muss auf Begriffe und Konzepte verzichtet werden, deren eigentliche Bedeutung nur in religiösen Kontexten expliziert werden kann. So ist beispielsweise der Begriff der Schöpfung für die Biologie untauglich, es wird vielmehr mit dem Paradigma der Evolution gearbeitet. Wenn trotzdem in manchen Gutachten ein religiöser oder quasi-religiöser Ton anklingt, ist das für deren wissenschaftliche Qualität problematisch.

Ihre entscheidenden Positionen formuliert die Enzyklika jedoch auf der Sinnebene des Religiösen. Das sind Positionen, deren Bedeutung sich nur vom *Glauben* her erschließt. Die Geheimnisse des Glaubens *(mysteria fidei)* aber sind nach der katholischen Lehre, die Laudato si' zugrunde liegt, prinzipiell keine mit wissenschaftlichen Methoden erfassbaren Daten, sie sind für das natürliche (säkulare) menschliche Sehen wie auch für seine Erweiterungen durch Apparate unsichtbar, sie sind für Wissenschaft und alltäglichen Menschenverstand gewissermaßen inexistent. Für die Botschaft der Kirche ist der Bezug auf die Bibel und die kirchliche Überlieferung unverzichtbar, während innerhalb der Theorien der Wissenschaften die Rede von Gott, Schöpfung, Sünde, Umkehr, Hoffnung und Erlösung keinen Platz hat.

Beide Seiten können zwar in einer Person, sei sie Wissenschaftlerin oder Theologe, zusammenkommen, aber selbst im Bewusstsein religiös orientierter Forscher ist ihr Verhältnis oft unbestimmt, und auch die heutige Theologie, die von ihrem wissenschaftlichen Anspruch her für beide Seiten offen ist, bietet – trotz mancher Dialogangebote – keine definitive Klärung.[5] Angesichts kaum übersteigbarer Verständigungsbarrieren, angesichts der Tatsache, dass viele Wissenschaftler kein Sensorium für das Religiöse haben, während überzeugt religiöse Menschen sich der Überlegenheit ihres Standpunktes über jeden anderen sicher zu sein meinen, erscheint es nur schwer möglich, gleichzeitig religiös im Sinne der christlichen Botschaft *und* wissenschaftlich unter den Bedingungen der gegenwärtigen Diskurse in Natur-, Wirtschafts- und Sozialwissenschaften zu argumentieren.

Für die Auseinandersetzung über die Wege zu einer global nachhaltigen Weltgesellschaft ist nach unserer Überzeugung ein Dialog zwischen beiden Seiten notwendig. Letztlich gehören sie, wie wir glauben, zusammen und ergänzen einander, wie Wurzeln und Astwerk erst zusammen einen Baum ausmachen. aber sie müssen auch sorgfältig unterschieden und in ihrem jeweiligen Eigenrecht wahrgenommen werden. Vielleicht am treffendsten lässt sich das ideale Verhältnis beider Seiten in einer Formel darstellen, wie sie das Konzil zu Chalcedon im Jahre 451 (allerdings für eine ganz andere Fragestellung) prägte: sie sind *unvermischt und ungetrennt.*[6]

Auch Laudato si' versucht, angesichts der ökologischen Krise die säkulare und die religiöse Sinnebene in ihrem inneren Zusammenhang zu sehen. Aber in dem päpstlichen Rundschreiben werden beide Ebenen nicht immer klar voneinander unterschieden und stellenweise sogar miteinander vermengt. Der großartige Versuch von Papst Franziskus, mit Laudato si' eine religiös-spirituell angelegte Botschaft so zu formulieren, dass sie auch in religionsfernen Feldern Gehör finden kann, konnte nicht völlig gelingen in einer Welt, in der, um nur ein Beispiel zu nennen, konservative Abtreibungsgegner und liberal ausgerichtete Klimaschützer nicht nur unterschiedliche Positionen vertreten, sondern in der Regel nicht einmal eine gemeinsame Sprache finden, in der sie ihre unterschiedlichen Positionen ausdrücken und einander mitteilen könnten.

1.2   Zum Aufbau des Buches

Unsere folgenden Betrachtungen enthalten vor allem in den ersten Kapiteln konstruktive Kritik an der Enzyklika, während sie in den späteren Kapiteln neue Perspektiven auf ihre entscheidenden Anliegen eröffnen.

Mit einer Darstellung der in unseren Augen wesentlichen Botschaft von Laudato si' setzen unsere Überlegungen ein (Kap. 2). Anschließend weisen wir auf Gedankengänge der Enzyklika zu Wirtschaft, Gesellschaft und Politik hin, die wir für problematisch halten (Kap. 3). Wir zeigen in Kap. 4, wie diese Problematik zum Teil in antiliberalen und wissenschaftsskeptischen Traditionen der Katholischen Kirche angelegt ist. Im Zentrum steht die Frage, ob die Welt, um deren Rettung es Laudato si' geht, dieselbe ist wie diejenige Welt, deren Untergang die Aktivisten der ökologischen Bewegungen verhindern wollen. Es folgt (Kap. 5) eine Auseinandersetzung mit einer in modernen Gesellschaften immer noch wirkmächtigen Vorstellung, die Laudato si' als das *techno-ökonomische Paradigma* bezeichnet. In einem geistesgeschichtlichen Rückblick von Francis Bacon (1561–1626) über Adam Smith (1723–1790) und Karl Marx (1818–1883) bis zu John Maynard Keynes (1883–1946) untersuchen wir die Herkunft dieses Paradigmas und setzen uns kritisch mit derjenigen Intention auseinander, die für seine Formulierungen ausschlaggebend war: *Die Lebensverhältnisse aller Menschen zu verbessern.* Anschließend wenden wir uns, um den Standpunkt von Laudato si' gegenüber den säkularen Nachhaltigkeitsdiskursen der Gegenwart zu beleuchten, unterschiedlichen Ausprägungen dieser Diskurse zu (Kap. 6). Anklänge an alarmistische und moralisierende Nachhaltigkeitsdiskurse finden sich auch in der Enzyklika. Ein besonderer Fokus unserer Auseinandersetzung mit der Enzyklika in den folgenden Kapiteln liegt darauf, dass Laudato si' in der *gegenwärtigen Umweltkrise* einen *Ausdruck von Sünde* sieht und ausgehend von dieser Deutung die Forderung nach einer *ökologischen Umkehr* formuliert. Die Eigenart dieser Deutung und der daraus entspringenden Forderungen wird im Kontrast zu einer Sicht herausgearbeitet, die den Weg der modernen Menschheit in die Umweltkrise als einen schicksalhaft tragischen Ablauf auffasst, der der Verfügungsmacht der Menschen entzogen ist (Kap. 7). Es ist ein Problem einer solchen tragischen Sicht, wie sich aus ihr die Anerkennung von Schuld und die Übernahme von Verantwortung gegenüber der Natur und den Menschen begründen lässt. Beides setzt Freiheit voraus und die Möglichkeit, dass menschliches Handeln Verhältnisse verändern kann – zum Besseren oder zum Schlimmeren. Wenn Laudato si' in der Umweltkrise die Sünde der Menschen gespiegelt sieht, so ist diese (für nicht-religiöse Menschen befremdliche) Deutung, wie wir in Kap. 8 zeigen wollen, eine Interpretation der Grundbedingungen des Menschseins auf der Folie menschlicher Freiheit. Im Zusammenhang mit den Konzepten von Vergebung und Umkehr geht es darum, die eigene Beteiligung an Schuld aus der Vergangenheit anzuerkennen (Reue), Befreiung von dieser Schuld zu erfahren (Vergebung) und für einen Neuanfang bereit zu sein (Umkehr). Wesentliche Gesichtspunkte einer christlichen Sündenlehre, so ungewohnt diese vielen Menschen erscheinen mag, lassen sich für die Konzeption des Weges der Menschheit zu einer nachhaltigen Entwicklung fruchtbar machen. In Kap. 9 beleuchten wir in eigenständigen Betrachtungen biblische Hintergründe, die für Fragen der Nachhaltigkeit bedeutsam sind. Anknüpfend daran wird in Kap. 10 ein in Laudato si' übergangenes Motiv untersucht, das auch in religiös indifferenten Kreisen eine zuweilen bedrängende Präsenz angenommen hat: apokalyptische Aussichten für die Welt von heute. Die Problematik solcher Aussichten wollen wir deutlich machen, indem wir sie von der biblischen Apokalyptik her befragen. Die Kap. 11 und 12 sind verbunden durch die Frage, ob es für die Menschheit und die nicht menschlichen Mitgeschöpfe jenseits der Aussichten und Prognosen, die die Wissenschaftler aus den gegenwärtig verfügbaren empirischen Daten über Umwelt und Gesellschaft ableiten, Anlass zur Hoffnung gibt. Gedankliche Linien, die in Laudato si' angedeutet, aber nicht ausgeführt sind, werden in unseren Überlegungen zu Nachhaltigkeit und Spiritualität (Kap. 11) eigenständig weitergeführt. Kap. 12 greift ein Thema aus Laudato si' auf, das vielleicht das Herzstück der Enzyklika darstellt: Die Idee einer ökologischen Umkehr. Indem wir deren eigentliche Bedeutung in einer über traditionelle christliche Lehren hinausweisenden ökumenischen interreligiösen und transreligiösen Dimension sehen, versuchen wir, die unseres Erachtens wichtigste Botschaft der Enzyklika so zu präsentieren, dass sie auch bei Nicht-Christen und Atheisten Gehör oder wenigstens Beachtung finden könnte. In Kap. 13 geben wir einen Rückblick und einen Ausblick.

Die hier vorgelegten Gedanken reißen Fragen an, die nicht beantwortet werden, und beziehen Positionen, die zu Kritik und Widerspruch herausfordern werden. Insgesamt wollen unsere Überlegungen Anstoß zu weiteren Auseinandersetzungen und Klärungen sein. Sie stellen einen Vorschlag dar, wie man, ohne in die Fallen eines wissenschaftsskeptischen, antiliberalen, technik- und vernunftfeindlichen Denkens zu geraten, die von dem päpstlichen Rundschreiben angedeuteten Bahnen genauer beschreiben und wie man auf ihnen weiter fortschreiten kann.

2

Die Botschaft von Laudato si'

Um die Botschaft von Laudato si' in ihrer Eigenart zu verstehen, muss man sich Folgendes klarmachen: Die Zukunft ist im Ganzen unbekannt, das ist Teil der Begrenztheit unseres Menschseins. Aber erkennbar sind, deutlicher oder undeutlicher, Tendenzen der Gegenwart, die, in der Vergangenheit angelegt, das Leben der Menschen in naher und ferner Zukunft sehr wahrscheinlich beeinflussen werden. Dass menschliches Leben, ja, Leben auf der Erde überhaupt, in unserer Zeit und für kommende Zeiten aufgrund dessen, was Menschen getan haben und noch tun, bedroht ist – das sagen fast alle Wissenschaftler, die sich mit Biodiversität und den natürlichen Grundlagen des menschlichen Lebens beschäftigen. Dennoch unterscheidet sich die Botschaft der Enzyklika deutlich von allem, was die Wissenschaften zur Zukunft zu sagen haben. Was leisten diese? Sie gewähren mit den Daten, die sie in Natur, Gesellschaft, Wirtschaft und Politik erheben, und den Theorien, die diese Daten zu Diagnosen und Prognosen zusammenstellen, Einblicke in das, was kommen wird – mit größerer oder geringerer Wahrscheinlichkeit. Zugleich zeigen sie damit Spielräume oder Einschränkungen für menschliches Handeln auf, das den Eintritt dessen, was zu befürchten ist, verhindern oder zumindest seine Folgen mildern könnte. Darüber hinaus sind sorgfältig arbeitende Wissenschaftler sich ihres prinzipiellen Unwissens über die Zukunft bewusst. Trotz dieses Unwissens gibt es kaum einen Zweifel daran, dass die Aussichten, die die Umweltwissenschaften geben, allen Menschen, denen die Zukunft der Menschheit am Herzen liegt, Anlass zu größter Sorge sind.

© Der/die Autor(en), exklusiv lizenziert an Springer-Verlag GmbH, DE, ein Teil von Springer Nature 2025
R. Manstetten und M. Faber, *Ist die Welt noch zu retten?*,
https://doi.org/10.1007/978-3-662-71819-3_2

Aus der Sicht von Laudato si' darf der gegenwärtige Zustand von Natur und Gesellschaft nicht allein unter wirtschaftlichen, sozialen und politischen Aspekten betrachtet werden, er hat vielmehr wesentlich religiöse und spirituelle Bedeutung. Erderwärmung bzw. Klimawandel, Verschmutzung der Ozeane, weltweite Verknappung von Trink- und Brauchwasser, gefährdete Bodenfruchtbarkeit, Müll in den Meeren und auf dem Land sowie rapider Verlust von Biodiversität werden in der Enzyklika als „Krankheitssymptome [...] im Boden, im Wasser, in der Luft und in den Lebewesen"[7] gedeutet. Worin aber besteht die Krankheit, die sich in diesen Symptomen manifestiert? Bei der Suche nach einer Antwort stellt die Enzyklika Technik, Wirtschaft und Lebensweise der westeuropäisch-nordamerikanisch geprägten Zivilisationen, die sich seit dem Ausgang des 15. Jahrhunderts herausgebildet und deren Folgen sich inzwischen über den gesamten Globus ausgebreitet haben, grundsätzlich infrage. Entscheidende Faktoren für den gegenwärtigen Zustand von Umwelt, Wirtschaft und Gesellschaft sieht Laudato si' vor allem im Moralischen und Religiösen: Werte-Relativismus, Individualismus und Selbstermächtigung des Menschen, der sich mit seiner Gestaltungsmacht als Schöpfer an die Stelle Gottes setze, hätten die Menschheit vergessen lassen, dass sie zusammen mit Tieren und Pflanzen die Erde als das *gemeinsame Haus*[8] bewohnt. Der Mensch, dem aufgetragen ist, für dieses Haus und das Wohlergehen aller seiner Bewohner zu sorgen, hat, wenn man der Argumentation der Enzyklika folgt, versäumt und versäumt es weiterhin, das gemeinsame Haus so zu bestellen, wie es seinen Bewohnern zusteht. Die Folgen, d.h. die Krankheitssymptome, können wir am desaströsen Zustand der natürlichen Umwelt ablesen, aber sie machen sich auch in der menschlichen Gesellschaft bemerkbar. Ausdrücklich hebt die Enzyklika die extrem ungleiche Verteilung von Zugangschancen zu elementaren Gütern (Wasser, Nahrung, Wohnung, Gesundheit, Bildung, Teilhabe an Gesellschaft und Politik) hervor.

Gesehen mit dem Blick der Autoren von Laudato si' ist die derart diagnostizierte Krankheit nicht unheilbar. Zwar hat die Enzyklika auf der Ebene von Daten und Theorien nichts beizutragen, was den von den Wissenschaften dargestellten Zukunftsaussichten widerspricht. Aber sie bringt von der Bibel her eine Perspektive ein, die den Horizont aller Wissenschaft überschreitet. Es ist das Heil aus der Perspektive des Glaubens und der Hoffnung. Der Glaube sagt, dass bei Gott kein Ding unmöglich ist.[9] Das ist im Sinne der Enzyklika so zu verstehen, dass die Menschheit, was immer ihre von der Wissenschaft angeleiteten Erkenntniskräfte ihr an Zukünftigem vorstellen, nicht verzweifeln muss, sondern hoffen darf. Zwar ist das, was uns die Wissenschaft zeigt, äußerst bedrohlich, daran lässt Laudato si' keinen Zweifel, aber wenn wir uns auf den Glauben, auf den sich Laudato si' stützt, ernsthaft einlassen, gilt: Wie düster und erschreckend immer die Zukunft erscheinen mag, die uns unser Verstand und unsere Phantasie vorstellt, – etwas Wesentliches und Entscheidendes sehen wir auf diese Weise nicht, weil es nur für den Glauben Bedeutung annimmt, dann allerdings eine alles überragende Bedeutung. Denn für eine glaubende Person gilt (in der Ausdrucksweise des Hebräerbriefes): In den *Tatsachen, die man nicht sieht,* verbirgt sich die *Grundlage dessen, was man erhofft.*[10] Im Unwissen über das, was ist und was kommt, sind für eine glaubende Person Anlässe zur Hoffnung verborgen.

Mit diesen Formulierungen haben wir in eigenen Worten Voraussetzungen für die Botschaft von Laudato si' dargestellt. Papst Franziskus, der diese Botschaft mit dem Anspruch formuliert, dass sie nicht nur für Katholiken, Christen oder Menschen, die irgendeiner Konfession oder Religion angehören, sondern für alle Menschen richtungsweisend sein soll, drückt sie mit den folgenden Worten aus: „Angesichts der weltweiten Umweltschäden möchte ich mich jetzt an jeden Menschen wenden, der auf diesem Planeten wohnt. [...] Die dringende Herausforderung, unser gemeinsames Haus zu schützen, schließt die Sorge ein, die gesamte Menschheitsfamilie in der Suche nach einer nachhaltigen und ganzheitlichen Entwicklung zu vereinen, denn wir wissen, dass sich die Dinge ändern können. Der Schöpfer verlässt uns nicht, niemals macht er in seinem Plan der Liebe einen Rückzieher[11], noch reut es ihn, uns erschaffen zu haben. Die Menschheit besitzt noch die Fähigkeit zusammenzuarbeiten, um unser gemeinsames Haus aufzubauen."[12]

In diesen Formulierungen werden drei zentrale Motive der Enzyklika zusammengeführt:

1. Die *Sorge* um das gemeinsame Haus, den *Oikos,* wie er im Wort *Ökologie* die ganze Natur einschließlich des Menschen umfasst,
2. das *Vertrauen* in den Schöpfer, von dem gesagt wird, dass er uns, indem er *seinen Plan der Liebe* verwirklicht, *nicht verlässt,* und
3. die *Hoffnung* auf die Handlungsfähigkeit einer Menschheit, die bei aller Unterschiedenheit von Individuen und Gesellschaften global zu gemeinschaftlichem Handeln zusammenfinden kann. Die Fähigkeit der Menschen zur Kooperation bietet Aussichten, dass die Bemühungen um eine nachhaltige und ganzheitliche Entwicklung zum Erfolg führen könnten.

4. Als ein weiteres zentrales Motiv ist die *Haltung* der *Empfänglichkeit* und *Dankbarkeit* zu nennen, zu der die Enzyklika aufruft, wenn sie betont: Die Erde ist uns geschenkt. Wenn wir sie achtsam und respektvoll nutzen, kommt sie unseren Wünschen und Interessen entgegen, aber wir sind nicht ihre Herren, die nach Belieben über sie verfügen.[13]

Das Schlüsselwort, das in der Enzyklika für alle diese Aspekte verwendet wird, ist der Ausdruck *ökologische Umkehr*. Es ist die Figur des heiligen Franz von Assisi (1181/82–1226), die uns, so Papst Franziskus, in diese Richtung weist.

„Wenn wir uns [...] allem, was existiert, innerlich verbunden fühlen, werden Genügsamkeit und Fürsorge von selbst aufkommen. Die Armut und die Einfachheit des heiligen Franziskus waren keine bloß äußerliche Askese, sondern etwas viel Radikaleres: ein Verzicht darauf, die Wirklichkeit in einen bloßen Gebrauchsgegenstand und ein Objekt der Herrschaft zu verwandeln. [...] Die Welt ist mehr als ein zu lösendes Problem, sie ist ein freudiges Geheimnis, das wir mit frohem Lob betrachten. [...] Wir erinnern an das Vorbild des heiligen Franziskus von Assisi, um eine gesunde Beziehung zur Schöpfung als eine Dimension der vollständigen Umkehr des Menschen vorzuschlagen.“[14]

Wir erkennen in solchen Formulierungen, dass Laudato si' den Anspruch stellt, zwischen den wissenschaftlich fundierten Diagnosen, die den Zustand von Umwelt und Gesellschaft beschreiben, einerseits *und* den daraus hervorgehenden ethischen Anforderungen an die Lebensführung und das Handeln der Menschen andererseits eine Brücke zu schlagen, deren Fundamente die religiösen und geistigen Grundlagen des Menschseins sind. Nur wenn diese Grundlagen im Denken und Tun gewürdigt werden, kann, von Laudato si' aus gesehen, das menschliche Leben auf der Erde dauerhaft erhalten und auf eine dem menschlichen Wesen angemessene Weise gemeinsam mit den nichtmenschlichen Mitgeschöpfen geführt werden. Ob und inwieweit dieser Anspruch von der Enzyklika eingelöst wird, ob und inwieweit er überhaupt eingelöst werden kann, das sind Fragen, die uns in den nächsten Kapiteln und letztlich in dem ganzen hier vorgelegten Text beschäftigen werden.

3

Wo Laudato si' zu kurz greift – Hindernisse für einen Dialog mit den Wissenschaften

Die Thematik von Laudato si' nötigt ihre Autoren, sich mit denjenigen Wissenschaften auseinanderzusetzen, die sich mit der Beziehung zwischen Mensch und Natur und mit den natürlichen Lebensgrundlagen der Menschheit beschäftigen. Man könnte zwar argumentieren, dass der Glaube den Geist weit über die Horizonte der Wissenschaften hinaus trägt, aber wenn ein vom Glauben durchdrungener Text sich doch innerhalb dieser Horizonte artikuliert, fordern Demut und Redlichkeit zu akzeptieren, dass hier allein die Wissenschaften den Maßstab für alles setzen, was als Erkenntnis zu gelten hat. Diese Wissenschaften haben aber gemeinsam, dass sie idealerweise *rein säkular* argumentieren. Das bedeutet, wie bereits weiter oben gesagt wurde: Für ihre Theorien, Diagnosen, Prognosen und Ratschläge dürfen religiöse (und somit auch spezifisch christliche) Vorstellungen keine Rolle spielen. Daraus folgt zwar keineswegs, dass die beteiligten Wissenschaftler als Personen irreligiös sind, es finden sich unter ihnen engagierte Buddhisten, Hinduisten, Juden, Christen, Muslime etc. Wohl aber erfordert der säkulare Charakter der jeweiligen Wissenschaften, dass ihre Theorien und Empfehlungen prinzipiell auf Aussagen Verzicht leisten müssen, deren Prämissen dem Boden einer Religion entstammen. Das kann in manchen Fällen durchaus dazu führen, dass ein Mensch, der sich sowohl als Wissenschaftler als auch als Homo religiosus versteht, gewissermaßen zu sich selbst in Widerspruch gerät, etwa indem er Forschungsergebnisse oder Politikempfehlungen zu vertreten hat, die er mit seinen Glaubensüberzeugungen nicht ohne weiteres zusammenbringen kann.

R. Manstetten und M. Faber, *Ist die Welt noch zu retten?*, https://doi.org/10.1007/978-3-662-71819-3_3

Wer sich, wie die Autoren von Laudato si', als Vertreter einer religiösen Institution ernsthaft auf die Nachhaltigkeitsdiskurse unserer Zeit einlässt, der muss sich in gewisser Weise „die Finger schmutzig machen". Mit anderen Worten, eine religiöse Instanz, die in der Welt von heute etwas für diese Welt Wesentliches verkünden möchte, darf die Berührung mit bestimmten Prämissen und Konsequenzen der säkularen Weltvorstellungen nicht scheuen. Das gilt ganz besonders da, wo es um die Eigengesetzlichkeit der Systeme von Wissenschaft, Wirtschaft und Politik geht. Da Laudato si' konkret auf diese Sphären Bezug nimmt und sogar Ratschläge erteilt, wäre zu erwarten, dass auf Ideen und Argumente eingegangen wird, die heute in diesen Sphären bedeutsam sind. Das ist bei den im Folgenden genannten Themen nicht oder nur unzureichend der Fall.

3.1   Bevölkerungsdynamik

Aus der Sicht von Laudato si' erscheint das Wachstum der Weltbevölkerung sowohl aus ökologischen Gesichtspunkten als auch hinsichtlich der Verteilung von Gütern und Lebensmöglichkeiten unter den Menschen als unproblematisch. Es „muss auch anerkannt werden, dass eine wachsende Bevölkerung mit einer umfassenden und solidarischen Entwicklung voll und ganz zu vereinbaren ist".[15] Diese Behauptung wird nicht begründet, naheliegende Einwände werden nicht diskutiert. Es scheint den Verfassern der Enzyklika hier vor allem darum zu gehen, im Einklang mit der offiziellen Position der Katholische Kirche zu bleiben, die nicht nur die Abtreibung verwirft, sondern insgesamt der Geburtenkontrolle ablehnend gegenübersteht.

3.2   Marktwirtschaft

Für den Bereich der Wirtschaft zeigt die Enzyklika wenig Verständnis. Stattdessen finden sich verallgemeinernde Formulierungen, die der komplexen Realität nicht gerecht werden. So ist z.B. pauschal von einer „Unterwerfung der Politik unter die Technologie und das Finanzwesen"[16] die Rede, und insgesamt sieht die Enzyklika „Wirtschaftsmächte" am Werk, die „das aktuelle weltweite System [...] rechtfertigen, in dem eine Spekulation und ein Streben nach finanziellem Ertrag vorherrschen, die dazu neigen, den gesamten

Kontext wie auch die Wirkungen auf die Menschenwürde und die Umwelt zu ignorieren".[17] Wer die *Wirtschaftsmächte* sind und worin ihre Macht besteht, wird nicht gesagt. Insbesondere aber werden marktwirtschaftliche Zusammenhänge nicht ausreichend verstanden, ja, die Darstellung der Marktwirtschaft nimmt stellenweise Züge einer Dämonisierung an: „Daher bleibt heute ‚alles Schwache wie die Umwelt wehrlos gegenüber den Interessen des vergötterten Marktes, die zur absoluten Regel werden'."[18] Zwar ist es richtig, dass die Politik die Grenzen des Marktes festlegen muss, dass sie, wo nötig, entschieden in Marktprozesse eingreifen muss und dass sie sogar vor grundlegenden strukturellen Transformationen nicht zurückschrecken sollte, aber dennoch gilt: Das Funktionieren von Märkten spielt eine bedeutsame Rolle für jeden ökologischen Wandel. Das werden wir beim nächsten Thema erläutern.

3.3 Ökonomische Instrumente für den Umweltschutz

Mangelndes Verständnis für das Prinzip der Marktwirtschaft wird besonders deutlich, wenn die Enzyklika marktkonforme Maßnahmen zum Umweltschutz beurteilt. So wird behauptet: „Die Strategie eines An- und Verkaufs von ‚Emissionszertifikaten' kann Anlass zu einer neuen Form von Spekulation geben und wäre einer Reduzierung der globalen Ausstoßung von umweltschädlichen Gasen nicht dienlich. Dieses System scheint eine schnelle und einfache Lösung zu sein, die den Anschein eines gewissen Umweltengagements besitzt, jedoch in keiner Weise eine radikale Veränderung mit sich bringt, die den Umständen gewachsen ist. Vielmehr kann es sich in einen Behelf verwandeln, der vom Eigentlichen ablenkt und erlaubt, den übermäßigen Konsum einiger Länder und Bereiche zu unterstützen."[19] Dagegen ist festzuhalten: In industrialisierten, marktwirtschaftlich organisierten Gesellschaften gehören ökonomische Instrumente, zu denen auch die Emissionszertifikate zu zählen sind, unabdingbar zu jeder Nachhaltigkeitspolitik, *die den Umständen gewachsen ist.* Die Hoffnung auf *eine radikale Veränderung* scheint den Autoren von Laudato si' an dieser und ähnlichen Stellen den Blick zu trüben für das, was seitens der Politik hier und jetzt machbar ist und daher auch notwendig hier und jetzt gemacht werden *muss.*

3.4 Das Tagesgeschäft der Politik

Politik entwirft und verwirklicht Ziele in Vorausschau, Planung, Berechnung und Steuerung von Prozessen. Diese Prozesse sind komplex. Denn die ursprüngliche Planung durchläuft die Stadien des Beratens, Entscheidens, Organisierens und Ausführens. Die Komplexität wird gesteigert durch Auseinandersetzungen mit Beteiligten und Betroffenen, durch oft unangemessene Darstellungen in den Medien und die wechselnden Stimmungen der öffentlichen Meinung. Temporäre Niederlagen, Rückzieher, Koalitionen mit Partnern, deren Überzeugung man nicht in allen Punkten teilt, und schmerzhafte Kompromisse gehören daher zum Tagesgeschäft der Politik. Langfristige Erfolge sind nur durch Geduld, Zähigkeit und einen langen Atem zu erreichen. Am Ende steht fast regelmäßig etwas Anderes, als am Anfang beabsichtigt war. Alle diese Aspekte sind bei der Konzeption einer zielführenden, in sich stimmigen, langfristig erfolgversprechenden Nachhaltigkeitspolitik zu beachten. In den radikalen Forderungen der Enzyklika an die Adresse der Politik, die zu einer ökologischen Wende führen sollen, wird diese Seite der Nachhaltigkeitspolitik fast gänzlich ausgeblendet.

3.5 Der mittelmäßige Mensch

Für weitreichende Maßnahmen der Transformation bedarf eine Politik der Nachhaltigkeit der langanhaltenden Zustimmung der Mehrheit; eine Art Konsens ist erforderlich. Denn wenn für alle Gesetze gilt, dass sie in einer Gesellschaft auf Dauer nur durchgesetzt werden können, sofern sie von den meisten akzeptiert werden, so gilt dies ganz besonders für Änderungen von Regeln einer Gesellschaft auf dem Weg zu einer nachhaltigen Entwicklung. Das wird in Laudato si' zwar klar gesehen, wenn es heißt: „Die Existenz von Gesetzen und Regeln reicht auf lange Sicht nicht aus, um die schlechten Verhaltensweisen einzuschränken, selbst wenn eine wirksame Kontrolle vorhanden ist. Damit die Rechtsnorm bedeutende und dauerhafte Wirkungen hervorbringt, ist es notwendig, dass der größte Teil der Mitglieder der Gesellschaft sie aufgrund von geeigneten Motivierungen akzeptiert hat und aus einer persönlichen Verwandlung heraus reagiert.“[20] Dem ist fast gänzlich zuzustimmen – bis auf den letzten Halbsatz. In ihm wird die Notwendigkeit behauptet, *dass der größte Teil der Mitglieder der Gesellschaft [...] aus einer persönlichen Verwandlung heraus reagiert.* Diese Notwendigkeit scheint uns nicht zu bestehen. So wünschenswert eine persönliche

Verwandlung erscheinen mag, die den größten Teil der Mitglieder der Gesellschaft umfasst: Keine Nachhaltigkeitspolitik darf ernsthaft darauf setzen, dass eine solche stattfindet. Zwar kann man, ja muss man auf Veränderungen im Innern der Menschen *hoffen*, aber Politik darf niemals die persönliche Verwandlung einer großen Anzahl von Menschen von vorneherein einkalkulieren und ihren Erfolg daran binden. Denn Politik, soweit sie Sache professioneller Politiker und Politikerinnen ist, hat weder die Aufgabe noch die Möglichkeit, das zu leisten, was Laudato si' verlangt: *geeignete Motivationen*[21] herzustellen. Es ist der Politik schon als eine Leistung anzurechnen, wenn sie solche Motivationen nicht durch eigene Fehler, Nachlässigkeit oder schlechte Kommunikation schwächt oder verhindert. Denn jede Politik der Nachhaltigkeit, die diesen Namen verdient, wird im Tagesgeschäft genug damit zu tun haben, durch vernünftige *Gesetze und Regeln die schlechten Verhaltensweisen einzuschränken* und *wirksame Kontrollen*[22] durchzusetzen. Die Einsicht, dass, in den Worten von Immanuel Kant, *der Mensch aus krummem Holz gemacht ist*[23], ist Voraussetzung und Grenze aller Politik. Wehe der Politik, die glaubt, sie sei berufen, das krumme Holz „gerade" zu machen! Sie würde unweigerlich in totalitäre Maßnahmen münden, ohne dass die Menschen besser würden. Denn Politik wird *von* Menschen *für* Menschen gemacht, d.h. auch für diejenigen, die die Kirche „Sünder" nennt, für Menschen, die in die normalen Schlechtigkeiten des Menschseins auf dieser Welt in dieser Zeit verstrickt sind. Es ist die Aufgabe jeder Politik, also auch einer Politik der Nachhaltigkeit, die Menschen in der ganzen Breite des moralischen Spektrums zu berücksichtigen. So ist es beispielsweise denkbar, Menschen, die zäh an umweltschädlichen Konsumgewohnheiten hängen und keineswegs zu *einer persönlichen Verwandlung* bereit sind, dadurch zu Änderungen zu bewegen, dass man ihr gewöhnliches Verhalten durch den Einsatz von ökonomischen Instrumenten verteuert, etwa von Umweltabgaben oder Emissionszertifikaten. Aus einer verengten religiösen Sicht mag eine solche Vorgehensweise unbefriedigend erscheinen, da sie auf extrinsische Motivation statt auf inneren Wandel setzt. Aber zur Anerkennung des Eigenrechts der politischen Sphäre gehört die Einsicht, dass Politik nicht mit einer allgemeinen Umkehr aller oder fast aller Menschen rechnen darf. Wie immer intrinsische Motivationen entstehen mögen – es gibt keine zuverlässige Technik, sie herzustellen. Diese Einsicht hat auch religiöse Bedeutung, insofern die innere Wandlung, religiös gesprochen, die Umkehr einer Person, sich jeder Art von Machbarkeit entzieht. Gleichwohl ist zugunsten von Laudato si' zu betonen: Es besteht Grund zur Hoffnung, dass eine Politik, die das Richtige tut, langfristig auch viele Menschen in der Weise „mitnehmen" kann, dass sie das, was sie anfangs nur aufgrund äußerer Anreize taten, schließlich aus eigener Einsicht heraus auch von innen her wollen.

3.6 Unbehagen an Politik und Wirtschaft

Insgesamt spricht aus den Ausführungen der Enzyklika zu den genannten Themen ein Unbehagen an Politik und Wirtschaft im Rahmen der gegenwärtigen Ordnungen. Den Kern dieses Unbehagens, das die Enzyklika mit vielen säkular orientierten Menschen teilt, kann man etwa in folgenden Worten ausdrücken: Was immer seitens von Politik und Wirtschaft in Richtung Nachhaltigkeit unternommen wird, ist viel zu wenig, weil Entscheidendes fehlt. Aber das Entscheidende, die innere Wandlung der Menschen, die dadurch bereit werden, auf alles zu verzichten, was ökologisch gesehen unverträglich ist, und alles zu leisten, was aus ökologischer Sicht notwendig ist, kann nicht von der Politik erbracht werden. Im Übrigen ist mit diesem Unbehagen eine weitere Problematik verbunden: Es kann dazu führen, die Anstrengungen der vielen Wissenschaftlerinnen, Lehrer, Politikerinnen, Verwaltungsbeamten, Ingenieurinnen, Techniker und Unternehmerinnen zu unterschätzen, die im Rahmen der gegebenen Ordnungen ihr Bestes tun, um die Lebensgrundlagen zu bewahren und eine nachhaltige Entwicklung der Gesellschaft zu fördern. Dass bei allem, was gegenwärtig unternommen wird, Entscheidendes fehlt, darf niemals den Respekt und die Dankbarkeit für das verringern, was bereits geleistet wurde und heute schon geleistet wird. Auf die Frage aber, was das Entscheidende ist, werden wir weiter unten genauer eingehen.

4

Christliche Botschaft in einer säkularen Welt – Laudato si', Liberalismus und Relativismus

4.1 Die Welt retten – welche Welt?

Inmitten von zeitgenössischen Diskursen über Nachhaltigkeit, die ihrem Anspruch nach frei von allem sind, was zur Religion gehört, will Laudato si' Orientierungsmarken aus dem Geist des Christentums setzen. Als Berührungspunkt mit dem Nachhaltigkeitsdiskurs bietet sich *eine* Intention an, die – zumindest dem Namen nach – Umwelt- und Klimaaktivisten mit gläubigen Christen gemeinsam haben: *Die Rettung der Welt*. Mit der Behauptung, es gehe um die Rettung der Welt, werden oft, sowohl von religiös als auch von säkular eingestellten Menschen, radikale Forderungen an Politik, Wirtschaft und Gesellschaft begründet. Eine solche Redeweise entspricht, zumindest dem Wortlaut nach, einem Anstoß aus dem Ursprung des Christentums. Im Johannesevangelium heißt es: „Denn Gott hat seinen Sohn nicht in die Welt gesandt, dass er die Welt richte, sondern dass die Welt durch ihn gerettet werde."[24]

Laudato si' wird vom Bischöflichen Hilfswerk Misereor als *Anstiftung zur Rettung der Welt* beworben.[25] Allerdings muss man fragen: Ist die Welt, auf deren Rettung die Botschaft Jesu Christi zielt, dieselbe Welt wie diejenige, die die engagierten Umweltschützer unserer Tage retten wollen? Welche Welt, welche Art von Rettung meinen die Aktivisten, welche meint Laudato si'?

Die Welt der Nachhaltigkeitsdiskurse ist eine Welt, in der Menschen langfristig die natürlichen Grundlagen für ihr Überleben und für das, was ihnen als ein gutes Leben erscheint, sichern wollen, zusammen mit den Le-

© Der/die Autor(en), exklusiv lizenziert an Springer-Verlag GmbH, DE, ein Teil von Springer Nature 2025
R. Manstetten und M. Faber, *Ist die Welt noch zu retten?*,
https://doi.org/10.1007/978-3-662-71819-3_4

bensgrundlagen der mit den Menschen koexistierenden Tier- und Pflanzenarten. Was ein gutes Leben ist und was nicht, kann dabei offengelassen werden. Für viele Diskursteilnehmer kommt es in der Welt, um die es geht, nicht darauf an, ob es Gott gibt oder nicht, und erst recht ist es für diese Welt keine Frage, ob sie von Gott geliebt wird oder nicht. Der Einsatz für ihre Rettung hängt folglich nicht von der Religiosität oder Irreligiosität derer ab, die sich für sie engagieren. Gott ist in dieser Welt Privatsache, und Privatsache ist es folglich, ob ein Geheimnis, eine Instanz, ein Sein, eine Wirklichkeit, eine Offenheit, die Gott genannt werden kann, für die Orientierung derer, die die Welt retten wollen, eine Rolle spielt. Pointiert gesprochen: Der allgemeine Nachhaltigkeitsdiskurs ist ein säkularer Diskurs, dessen Gegenstand eine säkulare Welt ist. Er bezieht sich auf eine *weltliche* Welt, die geistliche Tiefendimensionen zwar nicht von vorneherein ausschließt, aber kein Verhältnis zu ihnen hat und ihnen gleichgültig gegenübersteht. In dieser Welt ist alles Leben beschränkt auf die Zeit zwischen Geburt und Tod, und es kommt für Menschen, die um diese Beschränkung wissen, darauf an, aus dieser Frist ihres Daseins das Beste zu machen. Im Sinne der amerikanischen Unabhängigkeitserklärung sollte es jedem Menschen freigestellt sein, wie er Glück, Erfüllung und Gelingen in seinem Leben findet, solange er nicht andere Menschen an dem hindert, was die Unabhängigkeitserklärung als *pursuit of happiness* bezeichnet.

Aus christlich-katholischer Sicht nimmt die Frage nach der Bewahrung der menschlichen Lebensgrundlagen ein völlig anderes Aussehen an. Für Laudato si' sind Kategorien entscheidend, deren Sinngehalt sich nur von der Hebräischen Bibel und der Offenbarung Jesu Christi her erschließt. Die Enzyklika entspringt einer Vorstellung vom Menschen und von der Welt, wie sie sich weder in den wirtschafts- und sozialwissenschaftlichen Disziplinen unserer Zeit noch im gewöhnlichen ethischen und politischen Diskurs findet. Aus dieser Vorstellung lässt sich der Bezug zu Gott nicht herausschneiden. Zwar erscheint nicht nur in einer säkularen, sondern auch in einer religiösen Sicht der Mensch als ein mit Trieben und Rationalität ausgestattetes Wesen, dem es um sein Überleben und sein gutes Leben geht. Darin sind Christen mit Nicht-Christen und auch mit Andersgläubigen und Atheisten einig. Auch in einer religiösen Sicht ist das Leben zwischen Geburt und Tod kostbar, und das Streben nach Gesundheit, Wohlstand und nach Entfaltung der je persönlichen Begabungen und Neigungen wird keineswegs abgewertet, im Gegenteil: Ein Denker wie Thomas von Aquin, der in der Katholischen Kirche bis heute als Autorität hoch geschätzt ist, konnte entscheidende Motive der Ethik des Aristoteles, der ein rein innerweltliches Bild des guten Lebens entwarf, in seine Konzeption eines gelingenden christlichen

Lebens integrieren. Aber *eine* Voraussetzung, die überall in der Enzyklika präsent ist, unterscheidet Laudato si' fundamental von nicht-religiösen Welt- und Menschenbildern: Der Welt des Aristoteles und erst recht der säkularen Welt von heute fehlt, was ihr erst Sinn und Halt gibt. Sie darf nicht beanspruchen, das Ganze zu sein. Denn zu einer solchen Welt kommt für Christen (wie auch für Juden und Muslime) – nicht nebenbei, sondern als Zentralaussage – etwas hinzu: Der Mensch kann sich in seinem Wesen und in seiner Stellung zur Welt nur verstehen, wenn er sich als Ebenbild Gottes auffasst, berufen zum Heil, gefährdet durch die Sünde, aufgerufen zur Umkehr. Über die Beschränkungen des Lebens zwischen Geburt und Tod hinaus ist der Mensch gewissermaßen schon Bürger des Reiches Gottes, eines Reiches, das „nicht von dieser Welt"[26] ist.

Getragen vom Atem der biblischen Botschaft geht es Laudato si' darum, „die Menschheitsfamilie in der Suche nach einer nachhaltigen und ganzheitlichen Entwicklung zu vereinen".[27] Die Enzyklika positioniert sich allerdings auf einem Feld von Nachhaltigkeitsdiskursen, für deren Selbstverständnis nicht die Suche des Menschen nach dem Reich Gottes, sondern das Überleben der Menschheitsgattung und das Leben der einzelnen Menschen in Freiheit und Wohlstand oberste Priorität hat. Dass sich damit für eine von der Amtskirche ausgehende Deklaration, wie sie die Enzyklika darstellt, besondere Probleme stellen, wollen wir mit den Überlegungen des folgenden Abschnitts verdeutlichen.

4.2 Der Syllabus errorum von 1864 und die säkulare Welt von heute

Laudato si' entfaltet in einer sich säkular verstehenden Welt eine religiöse Sicht auf eben diese Welt – davon ausgehend, dass diese Welt eine solche Sicht braucht, nicht nur am Rande, sondern essenziell. Welche Legitimität aber hat diese säkulare Welt, gesehen von einem religiösen Standpunkt aus? Kann sie überhaupt irgendeine Legitimität beanspruchen? Das ist keineswegs sicher, jedenfalls wenn man bestimmte katholische Positionen der Vergangenheit betrachtet. Schlaglichtartig mag ein Blick auf eine amtskirchliche Positionierung aus dem Jahre 1864 die Problematik erhellen: Am 8. Dezember 1864 veröffentlichte Papst Pius IX. die Enzyklika „Quanta cura".In ihrem Anhang listete er 80 Thesen auf, die aus kirchlicher Sicht zu verwerfen seien. Diese Liste trug den Titel „Syllabus errorum" (Verzeichnis von Irrtümern). *Nicht* mit der katholischen Lehre vereinbar waren gemäß diesem

Verzeichnis u.a. folgende Behauptungen (die Ziffern beziehen sich auf die Nummerierung der abzulehnenden Aussagen):

„3. Die menschliche Vernunft ist – ohne daß Gott irgendwie berücksichtigt würde – der einzige Richter über Wahr und Falsch sowie Gut und Böse: sie ist sich selbst Gesetz und reicht mit ihren natürlichen Kräften hin, für das Wohl der Menschen und Völker zu sorgen."
„14. Die Philosophie ist ohne Rücksichtnahme auf die übernatürliche Offenbarung zu behandeln."
„80. Der Römische Bischof kann und soll sich mit dem Fortschritt, mit dem Liberalismus und mit der modernen Kultur versöhnen und anfreunden."[28]

Im Klartext: Gegenüber *dem Fortschritt, dem Liberalismus und der modernen Kultur* haben sich, gemäß diesen Aussagen aus dem Jahre 1864, der Papst und mit ihm alle Gläubigen der Kirche, deren Oberhaupt er ist, unversöhnlich zu zeigen. Kompromisse sind nicht möglich. Das bedeutet eine grundsätzliche Infragestellung aller Orientierungsmarken säkularer Gesellschaften, wie sie sich seit der Aufklärung des 18. Jahrhunderts verstehen. Immanuel Kants Idee einer Vernunft, die keine Autorität anerkennt als diejenige, die aus ihrer eigenen Gesetzgebung, ihrer Autonomie, hervorgeht, ist für gläubige Katholiken von 1864 ebenso inakzeptabel wie die Idee der nur durch die Freiheit des Anderen begrenzten Freiheit des Individuums, wie sie in liberalen Entwürfen von Politik und Ökonomie sowohl der Verfassung des freiheitlichen Staates als auch den Bewegungen der Marktwirtschaft zugrunde liegt. Mit der Forderung, die Philosophie habe *Rücksicht auf die übernatürliche Offenbarung* zu nehmen, wird schließlich die Idee eines wissenschaftlichen, vor allem eines naturwissenschaftlichen Weltbildes ohne Gott verworfen.

Auch nach streng katholischer Lehre ist eine Enzyklika keine unfehlbare Gestalt einer für alle Zeit festgestellten Wahrheit, sondern nicht mehr und nicht weniger als eine – allerdings für Katholiken ernst zu nehmende – Positionierung des päpstlichen Lehramts in einer bestimmten Zeit unter bestimmten Umständen. Die Kirche konnte sich daher im 20. Jahrhundert vom „Syllabus errorum", zumindest teilweise, distanzieren.[29] Dies war schon deswegen unvermeidlich, weil die von Pius IX. 1864 verworfene Welt, in der die Vernunft sich selbst Gesetz sein will, eine Welt ist, an deren Leistungen in Wissenschaft, Technik, Medizin, Wirtschaft und Politik auch Christen, auch strenggläubige Katholiken, in hohem Maße teilhaben. Immerhin verdanken sich die Prinzipien neuzeitlicher Wissenschaft, die Verfassungen moderner Staaten ebenso wie die Organisation der Wirtschaft in nicht geringem Maße der Emanzipation aus demjenigen Rahmen, den im Mittelalter und noch lange danach die Katholische Kirche vorgegeben hatte. Als Immanuel Kant in seinem Text „Beantwortung der Frage: Was ist Aufklärung?" auf die *selbstverschuldete Unmündigkeit der Menschen*[30] hinwies, sah er deren Ursprung nicht zuletzt in der Unterwerfung der Denkenden unter eine *übernatürliche Offenbarung* und insbesondere unter ihre verbindliche Auslegung durch religiöse Autoritäten.[31] Der *Ausgang* aus dieser Unmündigkeit war für Kant die eigentliche Aufklärung.

4.3 Hat die Kirche einer säkularen Welt noch etwas zu sagen?

Hat eine kirchliche Stellungnahme wie Laudato si' außerhalb eines Kreises von gläubigen Katholiken noch Anspruch darauf, ernstgenommen zu werden? Die Herausforderungen, die die säkulare Welt an eine katholische Position wie die in Laudato si' vorliegende stellt, betreffen insbesondere das Feld der Ethik. Der Bereich des Säkularen stellt sich allerdings keineswegs als eine einheitliche Instanz dar, im Gegenteil. Mit Recht stellt der protestantische Theologe Gräb fest: „Die verschiedenen gesellschaftlichen Bereiche der Politik und der staatlichen Macht, der Wissenschaft, des Rechts und der Bildung, der Ökonomie vor allem und ihrer kapitalistischen Funktionsweise formen jeweils eigene Verhaltensnormen, die nicht selten auch mit zentralen Normen der christlichen Ethik in Konflikt stehen."[32] Dass sich genuin katholische Standpunkte mit den jeweils unterschiedlichen Normen vermitteln lassen, wie sie sich in den unterschiedlichen Bereichen der Gesellschaft herausgebildet haben, ist keineswegs sicher. Sollte dieser Standpunkt jedoch nicht vermittelbar sein, so könnte dies aus einer säkularen Sicht so verstanden werden, als ob ihm jegliche Berechtigung abgesprochen werden müsste. Aber es ist andererseits zu fragen, ob die unterschiedlichen Normen der unterschiedlichen Teilbereiche der Gesellschaft ihrerseits auf einer zuverlässigen Basis aufbauen. Die Begründung der Prinzipien und Orientierungsmarken einer rein säkularen Welt steht und fällt mit der Basis, auf die sich stützt. Aber was ist diese Basis?

Für weite Teile der modernen säkularen Welt ist bis heute ein Ideal des gesellschaftlichen Zusammenlebens maßgeblich, das im Liberalismus des 18. Jahrhunderts aufkam. Die Gesellschaft erscheint dort als Raum der Selbstbestimmung des Individuums und des friedlichen Zusammenlebens von

Menschen unterschiedlicher Überzeugungen. Politisch gesehen gehört zu diesem Ideal die Herrschaft des Gesetzes *(rule of law)* auf der Basis einer Verfassung der Freiheit, die von allen Individuen anerkannt werden muss. Die Menschenrechte, die den Kern der Verfassung bilden, ermöglichen nicht nur Handlungsfreiheit, sondern sie sind auch, indem sie Religions- und Meinungsfreiheit gewähren, offen für einen gewissen Pluralismus der Werte. Zu den unveräußerlichen Menschenrechten gehören, wie die amerikanische Unabhängigkeitserklärung es ausdrückt, insbesondere Leben, Freiheit und die Möglichkeit der je persönlichen Suche nach dem Glück. Letztere, der *pursuit of happiness,* schließt durchaus auch das Streben nach ewiger Seligkeit ein – aber nur für die, die das wollen. Ob diese Seligkeit, wenn sie überhaupt gesucht wird, in katholischer, jüdischer, islamischer, hinduistischer, buddhistischer oder sonstiger Ausprägung gesucht wird, ist gemäß dem Ideal Privatsache. Schon dieses Ideal der säkularen Welt entfernt sich von einer dezidiert religiösen Weltsicht, indem es deren Möglichkeit für jedes Individuum zwar ausdrücklich zulässt, aber damit zugleich jeder Person freistellt, sich außerhalb ihrer zu positionieren. Die wirkliche Distanz des Säkularen zum Religiösen wird jedoch unübersehbar, wenn man sich auf das einlässt, was man als die *Sachlogiken der gesellschaftlichen Funktionssysteme*[33] bezeichnen kann. Die Sphäre der Politik, die Sphäre der Wirtschaft, die Sphäre der Wissenschaft und die Welt der Medien bilden jeweils eigene Normen aus, die nicht weiter begründet werden und damit quasi selbstverständlich erscheinen. Als legitim, d.h. keiner weiteren Begründung bedürftig erscheinen damit handlungsleitende Gesichtspunkte wie die Erlangung von Macht und Einfluss in der Politik, die Maximierung von Nutzen und Gewinn in der Wirtschaft sowie die Vermittlung von Informationen und Meinungen aller Art an eine möglichst große Anzahl von Menschen in den Medien. Aber in vielen Fällen ist es nicht möglich, die von diesen Gesichtspunkten her entwickelten jeweiligen „Bereichsnormen" ihrerseits durch höhere, ganz außerhalb der jeweiligen Bereiche zu begründende Normen zu modifizieren, in ihrer Geltung einzuschränken oder sogar gänzlich außer Kraft zu setzen. Dann wird ein Problem sichtbar, das jenseits der Bereiche das Zusammenleben der Menschen insgesamt betrifft. Sind diese Normen geeignet, destruktive Tendenzen innerhalb einer Gesellschaft, in der sie Geltung beanspruchen, zu verhindern, oder befördern sie eventuell sogar derartige Tendenzen?

Der oben zitierte Theologe Gräb hat die Herausforderungen einer säkularen Welt an jede entschieden religiöse Positionierung und damit auch an Laudato si' deutlich formuliert: „Die Säkularisierung der Ethik verlangt, daß ihre Normen humane Evidenz gewinnen, vernünftig einsehbar sind und sich mit den Sachlogiken der gesellschaftlichen Funktionssysteme vermittelbar erweisen.“[34] Religiöse Positionierungen, die diese Anforderungen nicht erfüllen, sieht Gräb in der Gefahr, „lediglich noch im engsten privaten und familiären Sozialbereich maßgeblich zu sein.“[35] Andererseits entspingt aus der *Säkularisierung der Ethik* eine eigene Problematik. Gräb deutet diese Problematik an: „Im Zuge der Säkularisierung macht die humane Vernunft ihre Ansprüche auf die Begründung der Moral geltend, neue Kräfte für die Legitimation der gesellschaftlichen Ordnung bilden sich heraus: nationalstaatliche Ordnungen, das kapitalistische Wirtschaftssystem, das wissenschaftliche Wahrheitsmonopol, die Realität der Massenmedien.“[36]

Die Aufzählung am Ende des Zitates weist auf ein ungelöstes Problem der sich als säkular verstehenden Welt hin. Können ihre Prinzipien und Orientierungsmarken überhaupt Legitimität beanspruchen? Die von Gräb genannten *Kräfte, nationalstaatliche Ordnungen, das kapitalistische Wirtschaftssystem, das wissenschaftliche Wahrheitsmonopol, die Realität der Massenmedien,* sind kaum geeignet, eine *Legitimation der gesellschaftlichen Ordnung* zu leisten. Muss nicht auch eine autonom sein wollende Vernunft, die sich von der Aufklärung her versteht, bestimmte Legitimationsangebote einer solchen Welt ablehnen, wenn sie beispielsweise aus dem *Geist des Kapitalismus* stammen?[37] Und kann man von daher nicht ein gewisses Verständnis für die Position des „Syllabus errorum“ entwickeln, der die Unmöglichkeit einer *Versöhnung* mit derartigen Kräften postulierte?

4.4   Das Problem der Freiheit des Individuums – Laudato si' und der Relativismus

Die in der katholischen Tradition verwurzelte und im „Syllabus errorum“ offen ausgesprochene Ablehnung des Liberalismus hat in Laudato si' Spuren hinterlassen. Obwohl der Begriff *Liberalismus* in der Enzyklika nicht verwendet wird, treten sie deutlich hervor, wenn man die Stellung der Enzyklika zum *Relativismus* betrachtet. Mit dem Etikett *Relativismus* kann man philosophische und wissenschaftliche Theorien kennzeichnen, die die Idee absoluter Werte ablehnen. Friedrich Nietzsches Lehre vom Willen zur Macht mit der *Umwertung aller Werte,* Michel Foucaults genealogische Machtanalytik sowie der erkenntnistheoretische Konstruktivismus[38] in bestimmten Ausprägungen kommen darin überein, dass, was Menschen als Wahrheit und Gerechtigkeit erscheint, eine Funktion von biologischen, psychologischen und sozialen Faktoren ist. Für das Handeln würde daraus folgen, dass die Idee der Freiheit im Sinne Kants, die es einem Menschen ermöglichen würde, das schlechthin moralisch Richtige zu tun, illusorisch wäre. Für die Idee einer persönlichen Verantwortung, die sich an objektiv gültigen Gesichtspunkten orientiert, gäbe es keinen Anhaltspunkt. So aufgefasst, ist Relativismus ein Problem für akademische Diskussionen.

Aber die Enzyklika gebraucht *Relativismus* in einer weitaus umfassenderen Weise. Es wird deutlich, dass sie mit dem Ausdruck das treffen will, was ihr als der eigentliche Feind gilt: die verabsolutierte Freiheit des Individuums und ihre Auswirkungen in der Lebenswelt moderner Gesellschaften. Dabei wird Freiheit als schrankenlose Willkür verstanden, sich von jeweils privaten Gefühlen, Stimmungen und Interessen leiten zu lassen. Als die Kirche im „Syllabus errorum" den Liberalismus verwarf, hat sie ihm vermutlich eine solche Verabsolutierung von Freiheit angelastet. Zwar wurde nicht gesehen, dass dabei Ideen des Klassischen Liberalismus, für den Namen wie Adam Smith (1723–1790), Immanuel Kant (1724–1804), Benjamin Constant (1767–1830) oder John Stuart Mill (1806–1873) stehen, geradezu in ihr Gegenteil verkehrt erscheinen. Zugleich aber muss man anerkennen, dass die Frage nach den Grenzen der Freiheit[39] ein Grundproblem moderner Gesellschaften in der säkularen Welt anspricht.

In den Aussagen der Enzyklika Laudato si' zum Relativismus lassen sich Gedanken aus der im Jahre 1993 veröffentlichten Enzyklika „Veritatis splendor" des Papstes Johannes Paul II. wiedererkennen. Dort heißt es unter der Ziffer 84: „Die *grundlegende Frage [...]* ist die nach der Beziehung zwischen der Freiheit des Menschen und dem Gesetz Gottes, letztendlich die Frage nach der *Beziehung zwischen Freiheit und Wahrheit.* [...] Dieser wesentliche Zusammenhang zwischen der Wahrheit, dem Guten und der Freiheit ist der modernen Kultur größtenteils abhanden gekommen. [...] Und so erleben wir nicht selten das erschreckende Abgleiten der menschlichen Person in Situationen einer fortschreitenden Selbstzerstörung. [...] Der Mensch ist nicht mehr davon überzeugt, allein in der Wahrheit das Heil finden zu können. Die rettende, heilbringende Kraft des Wahren wird angefochten, und allein der – freilich jeder Objektivität beraubten – Freiheit wird die Aufgabe zugedacht, autonom zu entscheiden, was gut und was böse ist."[40]

Während diese Enzyklika von Johannes Paul II. in Laudato si' ungenannt bleibt, wird dort Papst Benedikt XVI. zitiert: „Man vergisst, dass ‚der Mensch [...] nicht nur sich selbst machende Freiheit [ist]. [...] Und der Verbrauch der Schöpfung setzt dort ein, wo wir keine Instanz mehr über uns haben, sondern nur noch uns selber wollen'."[41] Dass der Mensch *keine Instanz über sich* gelten lässt, ist für die Enzyklika der *praktische Relativismus.*[42] Es ist die Rede von der Unfähigkeit vieler Mitglieder moderner Gesellschaften, „objektive Wahrheiten" und „feste Grundsätze"[43] anzuerkennen. Abgelehnt wird insbesondere eine Einstellung, die nichts Höheres kennt als die jeweils eigenen Vorstellungen, Wünsche und Interessen.

Was die Enzyklika *Relativismus* nennt, hat eine Parallele in der Haltung des *Homo oeconomicus* der Standardökonomik. Er wird als freies Individuum vorgestellt, das sein Leben gemäß seinen Präferenzen führt. Als *egoistischer rationaler Nutzenmaximierer*[44] findet er den Maßstab seines Handelns letztinstanzlich in seinen eigenen Vorlieben und Abneigungen, in seinen Wünschen und Ängsten, seinen Sorgen und Interessen. Die Vorstellung, dass Egoismus und Egozentrik zur Grundausstattung des Menschen gehören und für alle, die in dieser Welt handeln, als eine quasi natürliche Gegebenheit hinzunehmen sei, ist heute weit verbreitet. Dieser Egoismus, den die Ökonomik als den Normalfall ansieht, gilt der Enzyklika als Ausdruck des Relativismus. In ihm, so behauptet sie, sind die wesentlichen Ursachen der Umweltkrise zu suchen. So heißt es in Laudato si': „Wenn der Mensch sich selbst ins Zentrum stellt, gibt er am Ende seinen durch die Umstände bedingten Vorteilen absoluten Vorrang, und alles Übrige wird relativ. Daher dürfte es nicht verwundern, dass sich mit der Allgegenwart des technokratischen Paradigmas und der Verherrlichung der grenzenlosen menschlichen Macht in den Menschen dieser Relativismus entwickelt, bei dem alles irrelevant wird, wenn es nicht den unmittelbaren eigenen Interessen dient. Darin liegt eine Logik, die uns verstehen lässt, wie sich verschiedene Haltungen gegenseitig bekräftigen, die zugleich die Schädigung der Umwelt und die der Gesellschaft verursachen. Die Kultur des Relativismus ist die gleiche Krankheit, die einen Menschen dazu treibt, einen anderen auszunutzen und ihn als ein bloßes Objekt zu behandeln, indem er ihn zu Zwangsarbeit nötigt oder wegen Schulden zu einem Sklaven macht."[45] In weiteren Passagen werden „Menschenhandel, organisierte Kriminalität, Rauschgifthandel, der Handel mit Blutdiamanten und Fellen von Tieren, die vom Aussterben bedroht sind, Erwerb von Organen von Armen" als Folgen der *Kultur des Relativismus* angesehen, und nicht zuletzt wird die „Logik des ‚Einweggebrauchs'" angeprangert, „der so viele Abfälle produziert, nur wegen des ungezügelten Wunsches, mehr zu konsumieren, als man tatsächlich braucht".[46] Hier sieht die Enzyklika eine Dynamik am Werk, die alle diejenigen Kräfte entfesselt, die *die Schädigung der Umwelt und die der Gesellschaft verursachen*. Deren Ursache aber ist ein bestimmtes Konzept von Freiheit.

Allerdings ist das Konzept des Homo oeconomicus, gegen das die Enzyklika sich hier, ohne es beim Namen zu nennen, mit guten Gründen wendet, nur ein Zerrbild dessen, was in der Aufklärung des 18. Jahrhunderts die Begründer des Liberalismus bewegte.[47] In Laudato si' wird das liberale Konzept der Freiheit nirgends auf der Höhe des Klassischen Liberalismus diskutiert, auf die es von Adam Smith, Immanuel Kant, Benjamin Constant oder John Stuart Mill gehoben wurde. Es sei hier angemerkt, dass diese Einseitigkeit der Enzyklika auch zur Folge hat, dass man von ihrem Standpunkt aus kaum fähig ist, ökoliberale Ansätze unserer Zeit zu würdigen, die ausdrücklich an Ideen des Klassischen Liberalismus anknüpfen.[48] Dazu kommt, dass der unscharfe Begriff des Relativismus keineswegs zur Beantwortung der Frage taugt, welche Umstände, Haltungen und Handlungen empirisch fassbar *die Schädigung der Umwelt und die der Gesellschaft verursachen.*

Relativismus, wie Laudato si' den Ausdruck verwendet, ist ein für Soziologie, Psychologie und andere Kultur- und Gesellschaftswissenschaften kaum eindeutig zu bestimmender Begriff. Da die Positionierung der Enzyklika gegen den Relativismus keine wissenschaftlich begründete Kritik sein will, sondern sich aus religiösen Quellen speist, ist es nicht verwunderlich, dass ihre Formulierungen zu diesem Thema ziemlich pauschal gehalten sind.

Dass Laudato si' unter dem Titel *Relativismus* Haltungen und Handlungsmuster, die in modernen Gesellschaften oft als normal angesehen werden, infrage stellt, kann in der Tat ein Anstoß sein, Selbstverständlichkeiten, die keinesfalls selbstverständlich sein sollten, zu überprüfen. Zugleich aber muss man sich klarmachen, dass damit kein Beitrag zu einer Analyse der ökologischen Krise geleistet wird, der wissenschaftlichen Ansprüchen genügt. Man müsste dazu den Begriff *Relativismus* präzisieren und das damit Gemeinte in die Fachsprachen der Gesellschaftswissenschaften sozusagen übersetzen, um empirisch fassbare Orientierungen sowie Verhaltens- und Lebensweisen zu identifizieren, die zur Gefährdung der Lebensgrundlagen beitragen. Dabei könnte sich auch herausstellen, dass nicht nur der Relativismus, sondern auch das Gegenteil, die Absolutsetzung oder Verabsolutierung bestimmter Wertvorstellungen innerhalb eines religiösen Fundamentalismus dem Zusammenleben der Menschen und dem Engagement für eine nachhaltige Entwicklung abträglich sind.

4.5 Sünde ist keine Kategorie der Wissenschaft

An dieser Stelle ist ein Innehalten angebracht: Eines ist es, Fehlhaltungen in der modernen Welt zu verurteilen, die sich auf alles, was Menschen tun und lassen, auswirken können – auf ihr Verhältnis zu sich selbst, zu ihren Mitmenschen und zu ihren nicht-menschlichen Mitgeschöpfen. Ein Anderes aber ist es, den Zustand dieser Welt und ihre Entwicklungstendenzen aus der Perspektive der Wissenschaften zu betrachten.

Indem die Enzyklika den Relativismus als ein fundamentales Übel kennzeichnet, geht es ihr um das, was man in der biblischen Sprache *Sünde* nennt. Sünde ist gemäß der christlichen Lehre selbstverschuldetes menschliches Versagen, resultierend aus einem Missbrauch der dem Menschen von Gott verliehenen Freiheit (siehe unten Kap. 8). Sünde ist demgemäß verwoben in alles Leid, das von Menschen ausgeht, und Sünde erzeugt aus sich heraus stets neues Leiden. Betrachtet man als Christ die Welt von heute, so kann man sie kaum beschreiben, ohne von Sünde zu sprechen. In einer Darstellung des aktuellen Zustandes von Umwelt und Gesellschaft aus christlicher Sicht darf, ja muss von Sünde die Rede sein. Bezogen auf das Thema Nachhaltigkeit bedeutet dies: Was als Umweltkrise, Klimakatastrophe, Biodiversitätsverlust, Naturzerstörung bezeichnet wird, ist Symptom[49], und Symptome sind auch die Phänomene, die normalerweise als Ursache genannt werden: übermäßiger Ressourcenverbrauch, unzureichender Umweltschutz oder fehlende Grenzen für den Naturverbrauch. Der wahre Grund ist aus christlicher Sicht eine Verhärtung des Herzens oder eine seelischeSelbstverletzung, die sich wie eine Krankheit zunächst in einzelnen Menschen, ihren Äußerungen und Verhaltensweisen manifestiert und sich nach und nach epidemieartig über ganze Gesellschaftenausbreitet. Die Menschen in den reicheren Gesellschaften der Erde fordern wie selbstverständlich von der Natur die Ressourcen für alle Arten von Annehmlichkeiten, auf die sie ein Recht zu haben meinen, und sie fordern von den arbeitenden Menschen vor allem in Teilen Asiens, Afrikas und Lateinamerikas, für geringen oder unzureichenden Lohn die Mühsal auf zu sich nehmen, die erforderlich ist, um diejenigen Güter hervorzubringen, die den Besitzenden das Leben angenehm machen. Die komplexen Lieferketten der Weltwirtschaft sind anscheinend nur dazu da, einer Minderheit von Reichen ohne Rücksicht auf Andere und Anderes ein Leben zu ermöglichen, wie es ihnen gefällt. Dass sie ein Leben führen und in Zukunft weiterführen können, wie es ihren Wünschen entspricht, halten viele Menschen gleichsam für natürlich und naturgegeben, ohne sich zu fragen, inwiefern ihr Wohlstand zulasten der Natur und zulasten der Ärmeren auf der Erde geht.

Mit diesen Formulierungen haben wir in eigenen Worten nachgezeichnet, wie der gegenwärtige Zustand der Welt in Laudato si' erscheint. Mit der Kategorie der Sünde[50] will die Enzyklika auf die Fragwürdigkeit oder Verkehrtheit einer solchen Einstellung aufmerksam machen. Dort wird gesagt, es werde „vielen Menschen [...] bewusst, dass wir auf der Grundlage einer Wirklichkeit leben und handeln, die uns zuvor geschenkt wurde und die unserem Können und unserer Existenz vorausgeht".[51] Diese an sich positiv klingende Formulierung enthält jedoch zugleich implizit eine Kritik an den ebenfalls *vielen Menschen,* die nichts davon wissen, dass sich ihre *Existenz* und ihr *Können* einer ihnen *zuvor geschenkten Wirklichkeit* verdankt, und die davon vielleicht auch nichts wissen wollen. Sünde wäre es, folgt man der Logik von Laudato si', wenn solche Menschen ihr Streben und Handeln ausschließlich darauf richten würden, maximalen Genuss aus der individuellen Lebensspanne zwischen Geburt und Tod zu ziehen.

Geht man mit diesen Gedankengängen der Enzyklika konform, so liegt allerdings ein Fehlurteil nahe, das lautet: *Ursache für die Zerstörung der Lebensgrundlagen in unserer Zeit ist die Sünde.* Das würde bedeuten: Klimawandel und Umweltkrise sind eine Art Strafe für Sünden. Damit bekommen die Menschen die Quittung für den Missbrauch ihrer Freiheit, für Relativismus und Individualismus, für die Überschätzung menschlicher Selbstmacht und für die Abschaffung Gottes. Daraus würde folgen: Hätten die Menschen nicht gesündigt, gäbe es auch nicht die ökologischen Probleme der Gegenwart. Warum sind diese Gedanken als ein Fehlschluss anzusehen?

So plausibel und sogar notwendig die Rede von der Sünde in einem religiösen Kontext sein mag — für eine Kausalbetrachtung innerweltlicher Vorgänge, zu denen auch die ökologischen Probleme gehören, ist der Terminus Sünde systematisch ungeeignet. Mit dem Begriff des Verursachens ist die Wissenschaft angesprochen, also eine rein säkulare Instanz. Die Erforschung der Ursachen eines Zustandes und die Frage nach Handlungsoptionen muss auf der Basis belastbarer Daten mit den Begriffen und Theorien unterschiedlicher wissenschaftlicher Disziplinen geleistet werden.

Wir wiederholen die zu Eingang dieses Kapitels gestellte Frage: Welche Welt soll im Sinne einer nachhaltigen Entwicklung gerettet werden? Ist es die Welt, in der Natur und menschliche Arbeit nur dafür da zu sein scheinen, den wohlhabenderen Menschen auf der Erde ein angenehmes Leben nach ihren Wünschen zu ermöglichen? Oder ist es nicht so, dass gerade diese Welt von innen heraus keinen Bestand hat, sodass der Anfang ihrer Rettung für sie darin bestünde, dass sie dazu käme, von ihrem säkularen Selbstverständnis, wie es sich in den letzten Jahrhunderten herausgebildet hat, Abschied zu nehmen? Aber würde das nicht zugleich den Abschied von der Idee der individuellen Selbstbestimmung und der Idee einer Verfassung der Freiheit bedeuten? Oder ist es schon falsch, solche und ähnliche Alternativen zu formulieren?

Derartige Fragen machen die Herausforderungen deutlich, mit denen sich die Autoren von Laudato si' konfrontiert sahen. Allerdings scheint es uns, als wären ihnen die damit verbundenen Schwierigkeiten nicht genügend klargeworden. Daher wird im Text der Enzyklika einerseits die Distanz zur säkularen Welt und zu den religiös indifferenten Ansätzen der heutigen

Umwelt- und Gesellschaftswissenschaften sowie zu den Leitideen der Umweltaktivisten nicht bedacht, sie „passiert" gewissermaßen, ist aber nicht Gegenstand der Reflexion. Andererseits kann man den Eindruck gewinnen, Laudato si' traue sich nicht, in Sachen Religion und insbesondere in Sachen des Christentums die eigenen katholischen Fundamente offen darzulegen. Vieles davon ist zwar im Hintergrund präsent, bleibt aber implizit. Das bedeutet, dass die religiösen Grundlagen und Botschaften des Textes nicht immer deutlich formuliert werden. Zugleich aber ist den Autoren die Verbundenheit mit der Tradition der Katholischen Kirche derart selbstverständlich, dass sie kaum Verständnis für die innere Logik einer Welt zeigen, die ohne Gott auszukommen meint und die in bestimmten Bereichen, etwa in den strengen Natur- und Gesellschaftswissenschaften, sogar verpflichtet ist, auf Begriffe wie *Gott* zu verzichten. Damit wird aber ein kritischer Dialog mit rein säkular eingestellten Menschen, die sich dieser Welt zurechnen, schwierig. Notwendig dafür wäre einerseits, dass man versteht, wie eine Welt ohne Gott „tickt", und dass man andererseits diese Welt da anspricht, wo man ihr mit guten Gründen Mängel und destruktive Tendenzen, im Letzten aber ihre Halt- und Heillosigkeit vorhalten kann. Insofern wäre es die Aufgabe von Laudato si' zu zeigen, dass die Frohe Botschaft, die Christen aus den Worten und Handlungen Jesu Christi, aus seinem Leiden und seiner Auferstehung vernehmen, Entscheidendes sagen kann, das eine Welt ohne Gott nicht kennt.

5

Das techno-ökonomische Paradigma, seine Genese und seine Ausrichtung

In Laudato si' wird anerkannt: „Die Technologie hat unzähligen Übeln, die dem Menschen schadeten und ihn einschränkten, Abhilfe geschaffen."[52] Zugleich aber stellt die Enzyklika die moderne Technik und Wirtschaft auf den Prüfstand und hebt daran diejenigen Momente hervor, die sich zu einer ökologischen und humanitären Katastrophe auszuwirken drohen. So gelangt sie zu der Folgerung, dass die „neuen Formen der Macht, die sich von dem techno-ökonomischen Paradigma herleiten, schließlich nicht nur die Politik zerstören, sondern sogar die Freiheit und die Gerechtigkeit".[53] Das heißt, Laudato si' sieht eine der Wurzeln für zerstörerische Entwicklungstendenzen in Wirtschaft und Gesellschaft im *techno-ökonomischen Paradigma*.

Der Ausdruck *Paradigma* wird in Laudato si' in dem Sinn gebraucht, den er in modernen Forschungen zur Theorie von Systemen bekommen hat. Komplexe Zusammenhänge von Fragestellungen können als System verstanden werden, wenn gezeigt werden kann, dass ihnen eine gemeinsame Annahme oder Vorstellung zugrunde liegt, die selbst nicht infrage gestellt wird. Papst Franziskus bezeichnet die sehr allgemeine Vorstellung, auf die er die Aufmerksamkeit lenkt, als *technokratisches Paradigma*[54], oder, präziser, als *techno-ökonomisches Paradigma*[55]. Er macht dieses Paradigma zum Thema, weil er in ihm den Hauptirrtum der Neuzeit und Moderne sieht, gegen den er in Laudato si' anschreibt. Wir glauben, dass hier auf entscheidende Impulse verwiesen wird, die zu den Ordnungen und Dynamiken der Welt, in der wir heute leben, geführt haben. Gerade deshalb wollen wir die Theorien, die Laudato si' als *techno-ökonomisches Paradigma* zusammenfasst, genauer in den Blick nehmen. Eine fundamentale Kritik an der heutigen Welt, wie

R. Manstetten und M. Faber, *Ist die Welt noch zu retten?*,
https://doi.org/10.1007/978-3-662-71819-3_5

sie vor allem aufgrund des Verhältnisses der Menschen zur Natur formuliert wird, darf nicht übersehen, wo diese Welt herkommt und welche Motive ihre Entwicklung angetrieben haben und noch antreiben. Denn es ist keineswegs leicht, dasjenige, was an ihr bewahrenswert ist, und dasjenige, was angesichts drohender Katastrophen an ihr dringend verändert werden muss oder gänzlich zu verwerfen ist, genau und entschieden zu unterscheiden.

5.1 Verbesserung der Lebensbedingungen – von Francis Bacon zu Karl Marx

Die Entstehung der Ideen, die Laudato si' mit dem Ausdruck *techno-ökonomisches Paradigma* anspricht, verdankt sich einem Projekt, dessen Spuren man bis zum Beginn des 17. Jahrhunderts zurückverfolgen kann und das noch heute wirksam ist. Es geht um die *Verbesserung der Lebensbedingungen* für alle Menschen, auch und gerade für die Ärmeren, Ärmsten und Schwachen, also für alle, die daran gehindert sind, wesentliche Lebensmöglichkeiten zu entfalten. Die Sorge für die Armen und Schwachen ist auch ein zentrales Anliegen des Jesus von Nazareth und der Propheten der Hebräischen Bibel. Mit anderen Worten, der heutige Zustand von Natur und Gesellschaft, den Laudato si' beklagt und ändern möchte, geht zu einem nicht geringen Teil auf Ideen zurück, die sich aus der Botschaft Jesu Christi rechtfertigen lassen. Wir wollen das an einigen Beispielen erläutern.

Mit einer stellenweise geradezu religiösen Rhetorik und einer unter anderem auch auf Auslegungen der Bibel gestützten Gedankenführung wurde Francis Bacon (1561–1626) zum Vordenker der modernen, wissenschaftsgestützten Technik. Im Folgenden bieten wir eine Zusammenfassung der Intention Bacons, wie sie Lothar Schäfer in seiner Monografie „Das Bacon-Projekt"[56] darstellt:

„Von den ‚wahren Zielen' der Wissenschaft sagt Bacon, dass wir sie erstreben ‚zum Wohle und Nutzen für das Leben'. In seiner Frühschrift [„Valerius Terminus", die Autoren] verlangt Bacon von der Wissenschaft die Verbesserung ‚des Zustandes und der Gemeinschaft der Menschen', um ‚die Hoheit (sovereignty) und Macht des Menschen, die er im Urzustande der Schöpfung hatte, wiederherzustellen und ihm großenteils wiederzugeben'."[57] „Schon aus diesen wenigen Stellen geht hervor, dass ‚Wissenschaft' für Bacon weit über eine theoretische Erkenntniseinstellung hinausragt: Durch die Entwicklung der Wissenschaft wird sich der Mensch, wie er meint, (wieder) in einen Zustand versetzen, wie er ihn vor der Vertreibung aus dem Paradies innehatte. Um diesen Anspruch jedoch nicht über Gebühr zu mystifizieren, darf man annehmen, dass Bacon hier nicht an den Zustand der Unschuld denkt, sondern zunächst an den der Bedürfnislosigkeit: Im paradiesischen Zustand fehlte es dem Menschen an nichts, während er im gefallenen Zustand hungern, darben und Not leiden muß. Zum anderen aber, und das ist das wichtigere, dachte er an die Verfügungsmacht über die Naturdinge, die er im noch nicht gefallenen Adam besaß, ‚for whensoever he shall be able to call the creatures, by their true names he shall again command them‘.“[58] „Die auf die Wissenschaft gestützte Technik erzeugt mit ihren Erfindungen ‚Glück und Wohlergehen, ohne jemandem Unrecht und Leid anzutun‘, heißt es bei Bacon.“[59] Sein Ideal einer menschlichen Gesellschaft „hat Bacon in seinem Fragment ‚Neu-Atlantis‘ skizziert, in dem nicht nur materieller Wohlstand herrscht, sondern ineins mit der wissenschaftlich-technischen Kultur blüht auch die Humanität. Die dort dargestellte Gesellschaft ist nicht von einem ständigen Kampf um die Macht geprägt, sondern von Güte, Wohlwollen und Weisheit – und Bacon hätte seine utopische Stadt ebenso ein neues Jerusalem nennen können, wenn das nicht ein zu großes Zugeständnis an und Vertrauen in die kirchlichen Mächte bedeutet hätte.“[60]

Adam Smith (1723–1790), der Begründer der modernen Wirtschaftswissenschaften, teilte mit Bacon das Ziel, zur *Verbesserung der Lebensbedingungen aller Menschen* beizutragen.[61] Zu diesem Ziel war seiner Überzeugung nach eine Wirtschaftsordnung nötig, die dem Interesse der Individuen, im Wettbewerb mit anderen auf dem Markt den eigenen Vorteil zu befördern, weiten Raum gewährte. Denn wenn man die Menschheit auf den Weg zu einem guten und angenehmen Leben aller Menschen führen möchte, sollte man gerade diejenigen Kräfte ausnutzen, die die Menschen wie von selbst auf diesen Weg bringen. Schon von sich aus streben die meisten Menschen nach Verbesserung der Lebensbedingungen – nämlich ihrer eigenen. „In seinem wichtigsten und einflußreichsten Werk [Smith, „Der Wohlstand der Nationen“, die Autoren] sieht Smith die Menschen als ausschließlich durch ‚das Verlangen, ihren Zustand zu verbessern‘ gelenkt, und er führt weiter aus, daß ‚die Vermehrung des Reichtums das Mittel ist, durch das die meisten Menschen ihre Lage zu verbessern suchen‘.“[62] Während das Neue Testament ausdrücklich vor dem Mehr-und-Mehr-Haben-Wollen warnt[63] und die Geldgier als eine Wurzel des Bösen ansieht[64], gewann Adam Smith der *ruhigen Leidenschaft des Gelderwerbs*[65] positive Seiten ab. Als Ethiker hielt Smith Wucher, Geiz und Profitstreben zwar keineswegs für schätzenswerte Eigenschaften, aber in einer durch kluge Gesetze in vernünftigen Grenzen gehaltenen Marktwirtschaft kann es, davon ist Smith überzeugt, durchaus allgemeinen Nutzen stiften, wenn man diesen Eigenschaften einen gewissen Freiraum zu ihrer Entfaltung gewährt. Wie immer man über Individuen urteilen mag, die nichts Höheres kennen als die Sorge um ihren ökonomischen Privatvorteil – als Wirtschaftstheoretiker sah Smith eine solche Sorge als einen (unbeabsichtigten) Beitrag zum Wohl aller: „Gerade dadurch, dass [der Einzelne] das eigene Interesse verfolgt, fördert er häufig das der Gesellschaft nachhaltiger, als wenn er wirklich beabsichtigt, es zu tun."[66] Zwar „denkt er eigentlich nur an die eigene Sicherheit [...] und strebt [...] lediglich nach eigenem Gewinn", aber er wird dabei „von einer unsichtbaren Hand geleitet, um einen Zweck zu fördern, den zu erfüllen er in keiner Weise beabsichtigt hat".[67] Neben dem freien Tausch von Gütern auf Märkten ist es für Smith vor allem die Arbeitsteilung mit ihrer zunehmenden Spezialisierung, die für ein ständig wachsendes Güterangebot sorgt: „Und dieses ungeheure Anwachsen der Produktion in allen Gewerben, als Folge der Arbeitsteilung, führt in einem gut regierten Staat zu allgemeinem Wohlstand, der selbst in den untersten Schichten der Bevölkerung spürbar wird."[68] In der Gesellschaft seiner Zeit, in der der Kampf um das tägliche Brot für viele Menschen den Alltag prägte, schien für Smith Wirtschaftswachstum unverzichtbar, um die materielle Not zu lindern.

In den programmatischen Passagen der Schriften von Bacon und Smith wird deutlich, dass wissenschaftsgestützte Technik, arbeitsteilige Produktion und Wettbewerb innerhalb einer Marktwirtschaft, die dem Egoismus der Wirtschaftssubjekte innerhalb eines von Gesetzen vorgegebenen Rahmens durchaus Raum gewährt, ungeheure produktive und kreative Potenziale entfalten können. Bacon und Smith argumentierten in Zeiten weit verbreiteten Elends und suchten nach Möglichkeiten, diesen Zustand *ohne Gewalt* zu verändern. Sie sahen allerdings zu wenig, dass die Entwicklung von Wissenschaft und Technik sowie das Wachstum der Wirtschaft in West- und Mitteleuropa begleitet wurde von der Eroberung von Territorien in Asien, Afrika und Amerika durch europäische Mächte, von Unterwerfung, Unterdrückung und Ausrottung indigener Völker sowie einem Sklavenhandel von bis dahin unbekanntem Ausmaß.

Karl Marx (1818–1883) und Friedrich Engels (1820–1895) erkannten zwar als Kritiker der Ökonomie ihrer Zeit, dass, anders als Adam Smith gehofft hatte, gerade durch die Dynamik von Wirtschaft und Gesellschaft ihrerZeit in Westeuropa und den USA strukturelle Ungleichheit und massenhafte Ausbeutung von Menschen typisch geworden waren. Aber zugleich sahen Marx und Engels die Leistungen der *kapitalistischen Produktion* als unverzichtbar für jede zukünftige Gesellschaft an, die ihren Mitgliedern ein menschenwürdiges Leben ermöglichen will. Im „Manifest der Kommunistischen Partei" zählten sie auf: „Unterjochung der Naturkräfte, Maschinerie, Anwendung der Chemie auf Industrie und Ackerbau, Dampfschiffahrt, Eisenbahnen, elektrische Telegraphen, Urbarmachung ganzer Welttheile, Schiffbarmachung der Flüsse, ganze aus dem Boden hervorgestampfte Bevölkerungen."[69] Darin erkannten Marx und Engels die materiellen Voraussetzungen dafür, dass in einer gerechteren Gesellschaft, im Sozialismus und im Kommunismus, alle Menschen das Lebensnotwendige und Angenehme in genügendem Maß erhalten könnten.

5.2   Die Zukunft im Blickfeld von John Maynard Keynes

John Maynard Keynes (1883–1946), einer der großen Ökonomen der ersten Hälfte des 20. Jahrhunderts, wollte in seinem Essay „The Economic Possibilities for Our Grandchildren" von 1930 (s. Keynes 1963) durchaus nicht die Leiden kleinreden, die mit der modernen Technik und Wirtschaft in die Welt gekommen waren, aber es ging ihm vor allem darum, die Verbesserungen im Zustand sehr vieler Menschen hervorzuheben, die durch den technischen und ökonomischen Fortschritt seit dem Beginn des 16. Jahrhunderts möglich geworden waren. Die Gegenwart, wie sie Keynes zur Abfassungszeit des Essays wahrnahm, bot realistische Aussichten, aufgrund der jahrhundertelang stark gestiegenen und weiter wachsenden Nahrungsmittelproduktion den Hunger auf der ganzen Erde endgültig zu besiegen. Zugleich bewirkte die auf ein völlig neues Niveau gehobene medizinische Versorgung durch Hygienemaßnahmen und Massenimpfungen, dass die Lebenserwartung weltweit alles überstieg, was zu Beginn des 19. Jahrhunderts für möglich gehalten worden war; die Säuglings- und Kindersterblichkeit war selbst in den ärmeren Regionen der Welt zurückgegangen, neue Zugänge zur Bildung eröffneten sich vielfach auch für die unteren Schichten. Im Gefolge der Revolutionen und Reformen in westlichen Gesellschaften seit dem amerikanischen Unabhängigkeitskrieg (1775–1783) waren liberale demokratische Rechtsstaaten mit politischen und wirtschaftlichen Institutionen entstanden, die neue Möglichkeiten zu selbstständiger individueller Lebensgestaltung und zur Partizipation bei der Gestaltung der Gesellschaft für viele Menschen boten. Was in Westeuropa und Nordamerika begonnen hatte, ansatzweise Wirklichkeit zu werden – freie Meinungsäußerung, freie Berufswahl, Religionsfreiheit, die allmähliche Veränderung der Stellung der Frauen und die Chancen vieler Bürgerinnen und Bürger, an der Politik ihres Landes mitzuwirken, sowie freier Handel – ließ darauf hoffen, dass sich auf Dauer die Lebensbedingungen aller Menschen auf der Erde grundlegend verbessern könnten. Aufgrund derartiger Betrachtungen schloss Keynes – noch mitten in den Folgen der Weltwirtschaftskrise von 1929 – dass der Menschheit eine für alle Menschen lebenswerte Zukunft bevorstände. Notwendige Bedingung zur allmählichen Überführung der Menschheit in paradiesähnliche Verhältnisse war für Keynes die Erhaltung und Förderung der Wachstumsdynamik moderner Wirtschaft einschließlich ihrer wissenschaftlich-technischen Grundlagen.[70] „Denn diesen Strukturen verdanken wir ‚das große Zeitalter der Naturwissenschaft und der technischen Erfindungen', die ungeheure Ausbreitung der Industrie, die Massenproduktion wichtiger Güter und die neuen Kommunikationsmedien. All dies und vieles andere habe [...] zwischen 1500 und 1931 für viele Menschen, auch und gerade für die Minderbemittelten, eine Fülle des Guten bewirkt: ‚Trotz eines enormen Wachstums der Bevölkerung weltweit, die man mit Häusern und Maschinen ausstatten musste, wurde der Lebensstandard in Europa und den Vereinigten Staaten angehoben – auf das Vierfache, möchte ich sagen. Das Wachstum des Kapitals in dieser Epoche liegt auf einer Skala weit jenseits des Hundertfachen von allem, was frühere Epochen gesehen haben. [...] Offensichtlich werden revolutionäre technische Veränderungen bald auch in der Landwirtschaft Einzug halten. Was die Effizienz der Nahrungsproduktion angeht, stehen wir am Vorabend von Verbesserungen, die allem gleichkommen, was wir im Bergbau, in der Güterproduktion und im Verkehr bereits erreicht haben. In ganz wenigen Jahren – noch zu unseren Lebzeiten vermutlich – werden wir für die Abläufe in der Landwirtschaft, im Bergbau und in der Güterproduktion an menschlicher Leistung gerade noch ein Viertel von dem benötigen, was gegenwärtig dafür eingesetzt wird.'"[71]

Mit Keynes kommt Laudato si' darin überein, dass in den technologischen Entwicklungen der vergangenen Jahrhunderte Verbesserungen gesehen werden, die von bleibendem Wert sind: „Die Technologie hat unzähligen Übeln, die dem Menschen schadeten und ihn einschränkten, Abhilfe geschaffen. Wir können den technischen Fortschritt nur schätzen und dafür danken, vor allem in der Medizin, in der Ingenieurwissenschaft und im Kommunikationswesen. Und wie sollte man nicht die Bemühungen vieler Wissenschaftler und Techniker anerkennen, die Alternativen für eine nachhaltige Entwicklung beigesteuert haben?"[72]

Angesichts ihrer Ablehnung von Geburtenkontrolle und einer unübersehbaren Wissenschafts- und Technikskepsis könnten die Autoren von Laudato si' jedoch, wenn überhaupt, nur mit starken Vorbehalten der folgenden Mahnung von Keynes zustimmen: „Das Tempo, mit dem wir unser Ziel der wirtschaftlichen Glückseligkeit [economic bliss] erreichen können, wird von vier Dingen abhängen – unserer Fähigkeit, die Bevölkerung zu kontrollieren, unserer Entschlossenheit, Kriege und zivile Unruhen zu vermeiden, unserer Bereitschaft, der Wissenschaft alle diejenigen Angelegenheiten anzuvertrauen, für die die Wissenschaft zuständig ist, und von der Akkumulationsrate des Kapitals, wie sie sich aus der Spanne zwischen unserer Produktion und unserem Konsum ergibt. Wenn aber die ersten drei gegeben sind, regelt sich das letzte mit Leichtigkeit von selbst.“[73]

Unüberbrückbar jedoch erscheint der Abstand zwischen Überlegungen in Laudato si' und den Thesen von Keynes angesichts seiner Rechtfertigung des menschlichen Egoismus und der auf Profit und Privatvorteile fixierten Interessen, wie er den Homo oeconomicus ausmacht. Denn damit alle Menschen in einer zu erhoffenden und zu erwartenden Zukunft frei vom Druck der Sorge um den Lebensunterhalt sein können, muss die Menschheit, wie Keynes annimmt, bevor sie in dieser Zukunft angekommen ist, auch solche Triebkräfte menschlichen Handelns zulassen, die eigentlich das Tageslicht zu scheuen hätten. Keynes setzt „seine Hoffnung in eine Art *Unsichtbare Hand,* die die Welt des Homo oeconomicus dazu bestimmt hat, sich nach und nach friedlich aufzulösen. In der Zeit vor dem Ende der Knappheit aber müsse alles, was zum Wachstum der Wirtschaft beiträgt, darunter auch die *hässliche* Disposition des Mehrhabenwollens, gefördert werden, damit schon jetzt, wenn schon nicht Überfluss, so doch ausreichende Versorgung für alle Menschen gewährleistet werden könnte.“[74] Derartige Überlegungen spitzt Keynes mit einem Zitat aus Shakespeares „Macbeth“ zu: „‚Schön ist hässlich, hässlich schön.‘ Geiz, Wucher und Sorge müssen für eine kleine Weile noch unsere Götter sein. Denn nur sie können uns aus dem Tunnel ökonomischer Zwänge heraus in das Licht des Tages führen.“[75]

An dieser Stelle würden die Autoren der Enzyklika dem großen britischen Ökonomen ein entschiedenes Nein! entgegenhalten: *Geiz und Wucher* gehören nach christlichem Verständnis in den Bereich der Sünde, und dahin gehört in gewisser Weise sogar die Sorge, sofern sie den Blick des Menschen auf private Belange beschränkt und ihm höhere Gesichtspunkte verstellt. Selbst die nur *kleine Weile,* in der sie laut Keynes noch *unsere Götter* sein müssen, wäre für Laudato si' eine Zeit des Götzendienstes, aus der nichts Gutes hervorgehen kann.

5.3 Verbesserung der Lebensbedingungen – zu welchem Preis?

Die Idee der Verbesserung der Lebensbedingungen, die dem technisch-ökonomischen Paradigma zugrunde liegt, steht keineswegs von vorneherein einem Bild der Welt entgegen, wie es Laudato si' im Rahmen der christlichen Überlieferung bietet. Im Gegenteil: Anschließend an eine Darstellung neuzeitlicher Konzepte des Fortschritts bis an die Schwelle des 19. Jahrhunderts bemerkt der Philosoph und Theologe Lienemann: „Zusammenfassend läßt sich sagen, daß der emphatische neuzeitliche Fortschrittsbegriff seine Besonderheit darin hat, daß er auf die Befreiung von Naturgewalten durch menschliche Arbeit und menschliches Wissen zielt, daß er diese Einheit von Erkenntnis und Macht dem Postulat der Freiheit einordnet und daß er jedenfalls dort, wo Christen und Kirchen beteiligt sind, den Grund für den Fortschritt im Schöpfer- und Erlöserwillen Gottes sieht."[76] Das technisch-ökonomische Paradigma erscheint in dieser Deutung nicht an sich als problematisch. Aber die Distanz und partielle Ablehnung, die Laudato si' diesem Paradigma entgegenbringt, sind nicht grundlos. Denn, wie wir im Folgenden zeigen werden, ermöglicht es dem Menschen eine schöpferische Macht, die ihn dazu verleiten kann, sich selbst an die Stelle Gottes zu setzen. Wo das geschieht, erweist sich die *Einheit von Erkenntnis und Macht* unter *dem Postulat der Freiheit* als zutiefst fragwürdig.

Wenn man die geistesgeschichtliche und wirtschaftliche Entwicklung von 1600 bis ca. 1970, wie sie hier grob skizziert wurde, im Ganzen betrachtet und ihre zunehmend sichtbaren Folgen für Natur und Gesellschaft bedenkt, sind es vor allem zwei Gesichtspunkte, die zu grundsätzlicher Kritik herausfordern: die Idee der unbegrenzten Selbstmacht des Menschen und die defizitäre Wahrnehmung von Natur. Mit diesen Themen wollen wir uns in den beiden folgenden Abschnitten befassen.

5.4 Die Idee der Selbstmacht des Menschen

Mit Bacon tritt in den westlich geprägten Kulturen eine Idee vom Menschen hervor, nach der seine eigentliche Bestimmung darin zu sehen ist, Natur und Gesellschaft gemäß seinem Willen zu gestalten. Sieht Bacon darin noch die Erfüllung eines dem Menschen ursprünglich von Gott her zugesprochenen Auftrags, so erscheint spätestens ab dem 19. Jahrhundert mehr und mehr der Mensch als alleiniges Maß seiner Handlungen. Er weiß sich nicht mehr abhängig von Instanzen, die über und neben ihm seinem Tun Grenzen setzen können. Die Emanzipation von Gott als einer Wirklichkeit, auf die der Mensch hören und der er hätte gehorchen sollen, sah etwa Karl Marx als eine der Voraussetzungen dafür an, dass der Mensch eine ihm gemäße Welt gestalten konnte. So schrieb Marx 1844 in „Zur Kritik der Hegelschen Rechtsphilosophie": „Die Kritik der Religion endet mit der Lehre, dass der *Mensch das höchste Wesen für den Menschen* sei, also mit dem *kategorischen Imperativ, alle Verhältnisse umzuwerfen* [kursiv im Original], in denen der Mensch ein erniedrigtes, ein geknechtetes, ein verlassenes, ein verächtliches Wesen ist."[77] Dass *Verhältnisse, in denen der Mensch ein erniedrigtes, ein geknechtetes, ein verlassenes, ein verächtliches Wesen ist,* einen Aufruf zu radikal veränderndem Handeln darstellen, ist ein Gedanke von Marx, dem auch Laudato si' zustimmen könnte. Aber dem Geist der Enzyklika gänzlich zuwider ist der von Marx formulierte *kategorische Imperativ,* der dem Menschen die Macht zuspricht und zugleich die Last aufbürdet, ganz allein aus eigener Kraft solche Verhältnisse, auch mit Gewalt, *umzuwerfen.* Was Marx im Gegensatz zu Laudato si' nicht sah: Der Mensch, der sich von jeder Idee eines höchsten Wesens außer ihm gelöst hat, sieht sich keineswegs notwendig als *Gattungswesen*[78], das sich seiner Abhängigkeit von allen anderen Menschen und von der Natur bewusst ist und aus diesem Bewusstsein heraus sein Leben in Gemeinschaft mit allen anderen Menschen und Mitgeschöpfen liebevoll und friedlich aufs Beste gestaltet. Vielmehr besteht die Möglichkeit – die oft genug Wirklichkeit wird –, dass ein Mensch, der keinen Gott anerkennt, partikulare Interessen und Wünsche an die Stelle des höchsten Wesens setzt. An die Stelle Gottes tritt der eigene Nutzen, der Profit, die eigene Nation, eine bestimmte Ideologie oder einfach die Macht der privaten Begierden und Aggressionen, von denen Menschen sich leiten lassen.

In unserer Zeit hat Yuval Noah Harari in seinem Buch „Homo Deus" in dramatischen Darstellungen gezeigt, wie jüngste Entwicklungen in Wissenschaft und Technik der Menschheit nahezu Allwissenheit und Allmacht versprechen, während das menschliche Individuum vermeint, in einer quasi durch Alter und Tod nicht mehr eingeschränkten Lebenszeit maximales Glück genießen zu können.[79] Paradoxerweise könnten diese Tendenzen laut Harari in eine Zukunft führen, in der der Mensch, der sich wie eine Art Gott vorkommt, Wesentliches von allem, was man in der bisherigen Geschichte als menschlich, menschenwürdig und menschengemäß anzusehen pflegte, gänzlich aufgeben wird. Wenn Bacon, Smith, Marx und Keynes darin überstimmten, dass das Ziel aller menschlichen Entwicklung eine gerechte Gesellschaft sein sollte, in der alle Menschen in Freiheit leben, so laufen Zukunftsvisionen im Stile von Harari darauf hinaus, dass der Mensch, der zum Gott geworden ist, gewissermaßen den Geschmackssinn für jegliche Vorstellung von individuell ausgestalteter Freiheit verliert und kein Verständnis mehr für die Idee einer freiheitlichen Gesellschaft im Sinne des Liberalismus aufzubringen vermag. Er wird sich von Algorithmen leiten lassen, die er selbst erfunden hat und denen er schließlich die Macht über sein Leben überlässt. Harari selbst scheint solche heute schon sichtbare Tendenzen für nahezu unvermeidlich zu halten. Sie könnten statt einer auf freien Willensentscheidungen beruhenden Lebensführung einen Zustand herbeiführen, worin überlegene nicht-bewusste künstliche Intelligenzen überall auf der Welt die zuvor von Menschen gelenkten Prozesse nahezu vollständig beherrschen und steuern. Die Folgen der in Wissenschaft, Technik und Wirtschaft ausgeübten Selbstmacht des Menschen würden schließlich zum Kollaps jeglicher Idee einer solchen Selbstmacht und zur Auslieferung an anonyme technische Instanzen führen. Sollten derartige Prognosen zutreffen, würde daraus folgen, dass das Thema Verantwortung aus dem gesellschaftlichen und politischen Diskurs verschwindet. Denn was einmal Verantwortung hieß, würde Maschinen übertragen, die alles können, nicht aber das eine: Schuld auf sich nehmen und sich für Fehler zur Rechenschaft ziehen lassen. Die Argumentationen in Hararis Werk laufen auf die dystopische Möglichkeit hinaus, dass einer politischen Diskussion über Nachhaltigkeit, sei es im Sinne säkularer Aktivisten, sei es im Sinne von Laudato si', von vorneherein der Boden entzogen würde. Es gehört schon ein starker Optimismus dazu, anzunehmen, dass Maßnahmen, die von künstlichen Intelligenzen angestoßen, gesteuert und überwacht würden, die Menschheit aus den Fallen der Naturzerstörung herausführen könnten, in die sie geraten ist, als man ihr noch selbstverantwortliches Handeln und Schuldfähigkeit zusprach.

Zusammenfassend kann man sagen: Mit den Entwürfen von Wissenschaft, Technik, Wirtschaft und Gesellschaft seit Bacon und Smith entstand ein Möglichkeitsraum menschlichen Wissens, Planens und Könnens, der durch kein Maß außerhalb des Menschen begrenzt schien. Indes war die gleichzeitig sich ereignende geschichtliche Wirklichkeit in Westeuropa und Nordamerika und in den Kolonien der damaligen Großmächte nicht nur vom Ringen um Emanzipation und Verbesserungen des Loses der Benachteiligten, der Frauen, der Armen, der Sklaven geprägt, sondern auch und oft mehr noch von extremer Ungleichheit, von Ausbeutung und Unterdrückung und von den negativen bis katastrophalen Ausprägungen des Kolonialismus der westlichen Staaten. Zum Stand des technisch-ökonomischen

Paradigmas im 20. Jahrhundert gehören nicht nur die von Keynes gefeierten Möglichkeiten, die sich real eröffneten, sondern auch zuvor unvorstellbare Potenziale der Zerstörung und des Bösen. In Laudato si' heißt es dazu: „Es genügt, an die Atombomben zu erinnern, die mitten im 20. Jahrhundert abgeworfen wurden, sowie an den großen technologischen Aufwand, den der Nationalsozialismus, der Kommunismus und andere totalitäre Regime zur Vernichtung von Millionen von Menschen betrieben haben – ohne hierbei zu vergessen, dass heute der Krieg über immer perfektere todbringende Mittel verfügt."[80]

5.5 Die defizitäre Wahrnehmung von Natur in der europäischen Neuzeit

In den hier wiedergegebenen optimistischen Entwürfen zu Technik, Wirtschaft und Gesellschaft lässt sich durchweg ein Defizit erkennen, wie es bereits 1809 von Friedrich Wilhelm Joseph Schelling formuliert wurde: „Die ganze nordeuropäische Philosophie seit ihrem Beginn (durch Descartes) hat diesen *gemeinschaftlichen Mangel*, daß die Natur für sie nicht vorhanden ist [...]."[81] Dieser *gemeinschaftliche Mangel* lässt sich, so ist Schellings Aussage zu ergänzen, nicht nur in der Philosophie, sondern auch in vielen wissenschaftlichen Entwürfen von Wirtschaft und Gesellschaft bis weit über die Mitte des 20. Jahrhunderts hinaus konstatieren. Man kann es genauer formulieren: Natur wird zwar in fast allen Theorien, die sich mit der Realität beschäftigen, implizit vorausgesetzt, aber sie wird als eigenständiges Problemfeld allenfalls dann thematisiert, wenn ihre Nutzung nicht mehr selbstverständlich und nicht mehr auf lange Sicht gesichert erscheint. Ganz besonders gelten diese Aussagen für die Wirtschaftswissenschaften. Bis 1970 und noch darüber hinaus waren die erschließbaren und verfügbaren Ressourcen für die Produktion allenfalls am Rande der wirtschaftswissenschaftlichen Theorien ein Thema, ebenso wie die Aufnahmekapazitäten der Umwelt für Schadstoffe. Dass die Natur quasi unbegrenzt für menschliche Zwecke zur Verfügung steht, wurde sowohl in der Wirtschaft als auch in den Theorien der Wirtschaftswissenschaftler so selbstverständlich angenommen, dass die tendenzielle Verknappung von wichtigen Rohstoffen nur in Ausnahmefällen angesprochen wurde.[82] Aber das Wegsehen von der Natur, die doch vor Augen lag, war nicht auf die Wirtschaftswissenschaften beschränkt. Dass Menschen entscheidend von den Gaben der Natur abhängig sind, dass es ein eigenständiges Leben von Tieren und Pflanzen gibt, dessen Schutz, Bewahrung und Förderung eine Aufgabe für Menschen sein könnte, dass Tieren in der Obhut von Menschen ein ihnen gemäßes Leben zusteht, dass Ökosysteme, die von Menschen genutzt werden, der besonderen Pflege bedürfen, diese und viele weitere Themen wurden bis weit ins 20. Jahrhundert allenfalls am Rande der großen Wirtschaftsmodelle und Gesellschaftsentwürfe erwogen.[83] Was Bertram Schefold, der sich in besonderer Weise um die Erforschung der Geschichte der Wirtschaftswissenschaften verdient gemacht hat, im Folgenden bemerkt, gilt nicht nur für die *Nationalökonomie,* sondern für die gesamte Geschichte der neuzeitlichen Wissenschaft: „Als Herausgeber einer Reihe von hundert Klassikern der Nationalökonomie, deren Ende absehbar ist, bringe ich kein einziges Buch heraus, in welchem der Naturbezug der Nationalökonomie im Mittelpunkt stünde, und doch handelt es sich um einen Versuch, einen Kanon der für die Geschichte unserer Wissenschaft bedeutenden Werke aufzustellen.“[84]

Auch die christlichen Kirchen haben sich bis weit über die Mitte des 20. Jahrhunderts hinaus im Allgemeinen als unfähig oder unwillig erwiesen, Natur insgesamt zu würdigen und dem Natürlichen in seiner eigenen, nicht auf den Menschen bezogenen Existenzweise gerecht zu werden. Was immer eine Organisation wie die Katholische Kirche an den modernen Gesellschaften, ihrem Liberalismus und Modernismus Verwerfliches finden mochte, das Verhältnis zur Natur spielte dabei praktisch keine Rolle. Wenn Laudato si' mit Recht auf die innige Naturnähe des Franz von Assisi (1181/82–1226) verweist, darf das nicht darüber hinwegtäuschen, dass seine Einstellung zu Tieren, Pflanzen, Gewässern und Gestirnen eine Ausnahme war. In der Verehrung, die dem Heiligen in seiner Kirche jahrhundertelang zuteilwurde, deutete kaum etwas darauf hin, dass er einmal in einer kirchlichen Verlautbarung als Kronzeuge für eine ökologische Umkehr dienen könnte. Gleichwohl ruft Papst Franziskus vielen Katholiken Vertrautes ins Gedächtnis, wenn er seine Enzyklika mit der Erinnerung an den Sonnengesang des heiligen Franziskus beginnt. In der Volksfrömmigkeit, in der privaten Heiligenverehrung ist er gegenwärtig vor allem als der Heilige bekannt, der den Vögeln gepredigt und den Wolf von Gubbio gezähmt hat.

5.6   Ist das techno-ökonomische Paradigma noch haltbar?

Es wurde bereits gesagt, dass das Programm der Verbesserung der Lebensbedingungen in der europäischen Neuzeit bis auf den heutigen Tag von einem bestimmten Konzept des Fortschritts getragen wird. Walter Benjamin charakterisiert dieses Konzept[85] in „Über den Begriff der Geschichte“ wie folgt: „Der Fortschritt [...] war, einmal, ein Fortschritt der Menschheit selbst (nicht nur ihrer Fertigkeiten und Kenntnisse). Er war, zweitens, ein unabschließbarer (einer unendlichen Perfektibilität der Menschheit entsprechender). Er galt, drittens, als ein wesentlich unaufhaltsamer (als ein selbsttätig eine grade oder spiralförmige Bahn durchlaufender)."[86]

Diese Vorstellung von Fortschritt setzt voraus, dass die Lebensbedingungen der Menschheit in Zeiten, in denen sie *nicht* verbessert werden können, längerfristig wenigstens so bleiben, wie sie sind. Undenkbar war in einem solchen Horizont, dass die Bedingungen für menschliches Leben auf der Erde sich dauerhaft verschlechtern oder sogar in ihren Grundlagen zerstört werden könnten – am Ende sogar gerade wegen der Art und Weise, wie man sie zu verbessern versucht hatte. Aber genau dieser für jeden Fortschrittsglauben undenkbare Gedanke hat sich mit dem Beginn der siebziger Jahre des letzten Jahrhunderts in der öffentlichen Debatte festgesetzt. Denn mit dem 1972 veröffentlichten Bericht des Club of Rome ist die Endlichkeit der Ressourcen für die Wirtschaft und damit die potenzielle Endlichkeit menschlichen Wirtschaftens und sogar des Daseins von Menschen auf der Erde offensichtlich geworden: „Wenn die gegenwärtige Zunahme der Weltbevölkerung, der Industrialisierung, der Umweltverschmutzung, der Nahrungsmittelproduktion und der Ausbeutung von natürlichen Rohstoffen unverändert anhält, werden die absoluten Wachstumsgrenzen auf der Erde im Laufe der nächsten hundert Jahre erreicht."[87]

Ob und inwieweit das Dasein der Menschheit auf Dauer gestellt werden kann, hängt, so die Überzeugung des Club of Rome, von menschlichem Planen und Tun ab. Seitdem ist dem Impuls, die Welt zu verbessern, ein neuer Impuls zur Seite getreten: Nicht mehr um die *Verbesserung* der Welt im Einzelnen oder im Großen und Ganzen geht es, sondern um ihre Bewahrung. Die Rettung der Welt vor dem Untergang müsste auf der Tagesordnung einer Politik stehen, die sich an den Vorgaben des Club of Rome orientieren würde. Nicht dass es besser wird, wäre das Ziel, sondern dass es nicht schlimmer wird oder dass es nicht überhaupt ein schlimmes Ende nimmt. Die große Aufgabe der Menschheit wäre die Erhaltung der Lebensbedingungen oder, wenn es nicht anders geht, eine möglichst geringe Verschlechterung oder wenigstens die Vermeidung des Allerschlimmsten.

Der Club of Rome argumentiert rein säkular, und auch die Ziele erscheinen rein säkular: Menschen sollten so lange wie möglich auf der Erde in Würde leben können, und die Entscheidungsträger in Wirtschaft, Gesellschaft und Politik sollten ihr Möglichstes tun, damit die Spanne des Daseins der Menschen auf der Erde so lange wie möglich währt. Damit hat der Club of Rome das Thema *Nachhaltigkeit (Sustainability)* auf die Agenda der gesamten Menschheit gesetzt.

6

Säkulare Nachhaltigkeitsdiskurse

Was Natur-, Wirtschafts-, Sozial- und Kulturwissenschaftler zum Thema Nachhaltigkeit sagen, ist, ebenso wie die Vorschläge für Wirtschaft und Politik, die sie als Berater weitergeben, religiös indifferent. Es geht um das Überleben der Menschheit und die Erhaltung der Natur, es geht nicht um das Leben des Menschen vor Gott, es geht nicht um die Rettung oder Verwerfung der Seele – Aspekte, die im Hintergrund von Laudato si' stets gegenwärtig sind. Wie die Menschen leben, wird nicht weiter betrachtet, sofern sie nur nachhaltig leben. Aber was ist damit gemeint?

Um die Eigenart ihres Zugangs zum Thema Nachhaltigkeit deutlich zu machen, wollen wir in diesem Kapitel ohne Bezug zur Enzyklika zunächst auf die nichtreligiöse Diskussion über Nachhaltigkeit eingehen. Argumente aus dieser Diskussion finden sich zwar auch in Laudato si', aber im katholischen Denkmilieu nehmen sie eine völlig andere Farbe an als in säkularen Kontexten.

Ein wichtiger Ansatzpunkt für alle Nachhaltigkeitsdiskurse ist nach wie vor die berühmte Formulierung des Brundtland-Reports: „Nachhaltige Entwicklung (sustainable development) ist eine Entwicklung, die die Bedürfnisse der Gegenwart befriedigt, ohne zu riskieren, dass künftige Generationen ihre eigenen Bedürfnisse nicht befriedigen können."[88] Dieser säkularen Zielsetzung stimmt auch Laudato si' prinzipiell zu mit der Forderung, „die Bedürfnisse der gegenwärtigen Generationen unter Einbeziehung aller zu berücksichtigen, ohne kommende Generationen zu beeinträchtigen".[89] Was in diesem Kontext unter Bedürfnisbefriedigung zu verstehen ist, kann man im Sinne des *Befähigungsansatzes (capability approach)* präzisieren, den

R. Manstetten und M. Faber, *Ist die Welt noch zu retten?*, https://doi.org/10.1007/978-3-662-71819-3_6

Martha Nussbaum und Amartya Sen erarbeitet haben.[90] Im Rahmen dieses Ansatzes wird Bedürfnisbefriedigung im Sinne des Liberalismus aufgefasst, wie ihn etwa John Stuart Mill oder John Rawls vertraten, das heißt als Basis für konkrete Lebensmöglichkeiten, in denen ein freies Individuum dazu befähigt wird, die in ihm angelegten Potenziale im jeweiligen gesellschaftlichen und kulturellen Kontext ungehindert zu entfalten. Frei können Menschen, so Sen, nur dann sein, wenn es ihnen möglich ist, „Hunger, Unterernährung, heilbare Krankheiten und vorzeitigen Tod zu vermeiden", ebenso wie sie auf „jene Freiheiten" angewiesen sind, „die darin bestehen, lesen und schreiben zu können, am politischen Geschehen zu partizipieren, seine Meinung unzensiert zu äußern usw."[91] Im Sinne der nachhaltigen Entwicklung ist zu fordern, dass nichts geschehen darf, was dazu führt, dass die Basis individueller Freiheit den Menschen zukünftiger Generationen vorenthalten wird. Positiv impliziert dies den Schutz der natürlichen und sozialen Lebensgrundlagen der Menschheit und deren Zugänglichkeit für jedes menschliche Individuum, das irgendwann einmal in Zukunft leben wird. Diese Idee der sogenannten *intergenerationalen Gerechtigkeit* ist prägend für den säkularen Nachhaltigkeitsdiskurs in allen seinen Erscheinungsformen. Über die Grundlagen der Bedürfnisbefriedung für Menschen hinaus ist zu postulieren, dass für eine nachhaltige Entwicklung auch die Belange des nichtmenschlichen (tierischen und pflanzlichen) Lebens angemessen berücksichtigt werden müssen.[92]

Unter dem Leitbegriff der Gerechtigkeit lässt sich der säkulare Nachhaltigkeitsdiskurs mit Laudato si' in Verbindung bringen, denn auch dort geht es ausdrücklich um Gerechtigkeit. Die Frage ist allerdings, ob das, was eine kirchliche Botschaft auf der Grundlage des christlichen Glaubens unter Gerechtigkeit versteht, mit den (ihrem Anspruch nach) religiös indifferenten Theorien der Gerechtigkeit unserer Zeit in Übereinstimmung gebracht werden kann. Diese Frage werden wir weiter unten genauer behandeln (vgl. Kap. 9 und Kap. 11). Hier geht es zunächst um die säkularen Nachhaltigkeitsdiskurse.

Innerhalb dieser Nachhaltigkeitsdiskurse wollen wir nun drei Zugänge unterscheiden, die wir idealtypisch als den *Standardansatz,* den *alarmistischen Ansatz* und den *moralisierenden Ansatz* bezeichnen. Diese Ansätze ergänzen sich nicht selten, manchmal aber stehen sie in offenem Widerspruch. Zugleich gibt es Überschneidungen, und in Auseinandersetzungen über *sustainability* gleiten viele Diskursteilnehmer unmerklich von einem zum anderen Ansatz. Aber obwohl die Abgrenzung keineswegs immer klar ist, kann die im Folgenden vorgenommene Unterteilung wenigstens schlaglichtartig deutlich machen, wie unterschiedlich das Thema Nachhaltigkeit gegenwärtig angegangen wird.

6.1   Standardansatz der Nachhaltigkeit

Im Standardansatz der Nachhaltigkeit wird ein möglichst hohes Wohlstandsniveau für alle Menschen anvisiert, die Mitglieder der gegenwärtigen und zukünftigen Menschheit sind: Auch wenn es sehr zweifelhaft erscheint, dass der gegenwärtige Stand an Bedürfnisbefriedigung, wie er etwa in Deutschland oder der Schweiz im Durchschnitt gegeben ist, einmal für alle Menschen erreichbar sein könnte, ist doch nichts dagegen einzuwenden, eben dies für wünschbar zu halten. Dementsprechend wäre zu fordern, dass alles, was möglich ist, in dieser Richtung unternommen wird. Unter der Voraussetzung, dass die natürlichen Ressourcen der Erde und die Leistungsfähigkeit der Weltwirtschaft dieses Ziel ermöglichen würden: Was spräche dagegen, allen Menschen auf der Erde in etwa diejenigen Lebensmöglichkeiten zugänglich zu machen, wie sie heute den reicheren 50 % in Deutschland offenstehen?

Obwohl die Ärmeren der Welt von elementaren Lebensgrundlagen ausgeschlossen sind, überfordert jedoch bereits der gegenwärtige weltweite Stand an menschlicher Bedürfnisbefriedigung die natürliche Regeneration von Lebensgrundlagen bei weitem. So teilte die Welthungerhilfe 2024 mit: „Ab dem 1. August 2024 sind weltweit alle nachhaltigen Ressourcen verbraucht, die das Ökosystem der Erde innerhalb des ganzen Jahres 2024 herstellen kann. Ab dann leben wir sozusagen auf Pump, die Erde ist am Limit. So, wie wir heute leben, bräuchten wir nicht nur eine Erde, sondern 1,7 Erden."[93]

Da die Menschheit in der Summe keineswegs nachhaltig lebt, fordern einsichtige Wissenschaftler, die Reicheren – sowohl als Privatpersonen wie als Gesellschaften genommen – sollten so viel Verzicht leisten, wie nötig ist, damit Ressourcen langfristig bewahrt werden, die Umwelt geschont wird und die Ärmeren aufholen können.[94] In jedem Fall ist es jedoch das Ziel der Standardprogramme globaler Nachhaltigkeit, allen Menschen im Rahmen des ökologisch und sozial Möglichen maximale Bedürfnisbefriedigung zu gewähren. Technische, wirtschaftliche und politische Maßnahmen, die neben der Schonung der Natur weitreichende Umverteilungen von Einkommen und Vermögen einschließen müssten, wären das Gebot der Stunde.

Wenngleich Technik, Wirtschaft und Gesellschaft die Bereiche sind, in denen sich diejenigen Produktionsmöglichkeiten und Konsumweisen herausbilden, die für eine nachhaltige Entwicklung bedeutsam sind, wird dafür in Standardansätzen die Hauptrolle der Politik zugewiesen, insofern sie durch Gesetzgebung und gezielte Maßnahmen für Technik, Wirtschaft und Gesellschaft Grenzen ziehen und den geeigneten Rahmen setzen muss.

Ökonomen und Sozialwissenschaftler betonen oft, dass man bei solchen Maßnahmen die Menschen, wie sie nun einmal sind, berücksichtigen muss: Dem Interesse vieler bessergestellter Menschen, auch in Zukunft ein Einkommen zu beziehen, das zumindest nicht geringer ist als ihr gegenwärtiges, und ihr Leben so zu führen, dass liebgewordene Konsumgewohnheiten beibehalten werden können, wird eine Politik, der es ernsthaft um Nachhaltigkeit geht, zwar kaum entsprechen können. Aber damit die notwendigen Veränderungen von der Mehrheit der Bürgerinnen und Bürger getragen werden können, darf ein solches Interesse in seiner Wirkmacht nicht von vorneherein außer Acht gelassen werden. Vor allem Wirtschaftswissenschaftler machen darauf aufmerksam, dass jede Politik der Nachhaltigkeit die Ausrichtung der durchschnittlichen Akteure der Wirtschaft auf Nutzen- und Gewinnmaximierung in Rechnung stellen muss. Sie sehen darin keinen Anlass zu Pessimismus, denn durch kluge Maßnahmen könne man die private Vorteilssuche der Menschen durchaus zu einer Triebkraft für eine nachhaltige Entwicklung machen.

Der Standardansatz ist die Herangehensweise all derer, die an Teilaspekten von Nachhaltigkeit arbeiten und hoffen, dass diese sich zu einem sinnvollen Ganzen summieren: Man denke etwa an Forscherinnen und Ingenieure, die Technologien für die Verkehrswende erfinden oder Verfahren zum Einsatz von grünem Wasserstoff entwickeln, man denke an juristisch und politisch geschulte Fachleute, die Ideen für die Energiewende in die Form von Gesetzen und Verwaltungsvorschriften bringen und entsprechende organisatorische Strukturen konzipieren, man denke an Ökonominnen und Ökonomen, die Konzepte entwickeln, wie man auch solche Menschen, die kein Interesse am Wohlergehen der nachfolgenden Generationen haben, durch geeignete finanzielle Anreize zu einem weniger umweltschädlichen Verhalten motivieren kann. Der Standardansatz ist gleichsam das – häufig sich im Verborgenen vollziehende – Tagesgeschäft der Nachhaltigkeit.

6.2   Alarmistische Nachhaltigkeitsdiskurse

Die alarmistischen Nachhaltigkeitsdiskurse haben gemeinsam, dass sie aufs große Ganze gehen. In ihrem Licht erscheint alles, was Technik, Wirtschaft, Gesellschaft, Verwaltung und Politik bisher in Richtung nachhaltige Entwicklung geleistet haben, gering. Es ist für ihre Vertreter, wenn nicht fünf nach, so doch jedenfalls fünf vor zwölf: Die Erde steht, davon sind sie überzeugt, vor dem Kollaps, die Menschheit geht ihrem Untergang entgegen. Angesichts dessen erscheinen selbst bedeutsame Veränderungen, soweit sie bisher stattfanden, unzulänglich. Wenn Alarmisten diejenigen Maßnahmen, die als Folge von Klimagipfeln und ähnlichen Konferenzen in den Gesetzgebungsprozessen und Regelungen von Organisationen wie der EU oder einzelnen Staaten auf dem Papier anvisiert werden, durchaus als kleine Schritte in die richtige Richtung anerkennen, so fügen sie stets hinzu, dass diese viel zu kurz greifen und zudem nur sehr mangelhaft umgesetzt werden. Die Botschaft lautet: Obwohl es höchste Zeit ist, wird von den gegenwärtig Regierenden so getan, als ob man sich noch viel Zeit lassen könnte. Die Politik, so wird argumentiert, versäumt es bis zur Stunde, das Rechte zu tun, und wenn sie es anscheinend doch tun möchte, geht sie viel zu zögerlich vor und braucht viel zu lang. Daher fordern Bewegungen wie *Fridays for Future, Extinction Rebellion* oder *Letzte Generation* eine im Vergleich zu allem, was bisher unternommen wurde, unendlich radikalere Politik. Diese müsste einschneidend in bestehende Produktionsweisen und Konsumgewohnheiten eingreifen und letztlich in einer *Großen Transformation* münden, einem alle Lebens- und Gesellschaftsbereiche umfassenden Wandel.[95] Damit solche Forderungen nicht in die Sackgasse eines „Alles oder Nichts, und zwar sofort" führen, bedarf es indes einer Urteilskraft, die das politisch Mögliche realistisch einschätzt, sowie eines langen, sehr langen Atems. Andernfalls können sich blinder Aktionismus, Enttäuschung, Resignation oder Zynismus einstellen.

Gemeinsam ist sowohl dem Standardansatz als auch dem alarmistischen Ansatz, dass als Adressat die Politik angesprochen wird, einerseits als öffentliche Meinung in der Gesellschaft, andererseits als Apparat von Institutionen und Organisationen. Es geht auf der kollektiven Ebene um Aufklärung, Mahnung und Warnung einerseits, um Handeln, d. h. Organisieren und Ausführen andererseits, damit „es" substanziell besser werden kann bzw. damit wenigstens nicht alles noch schlimmer wird.

6.3   Moralisierende Nachhaltigkeitsdiskurse

Darüber hinaus wird diskutiert, ob nicht individuelle Verhaltensänderungen, etwa ein geändertes Konsumverhalten Einzelner oder neue Lebensweisen überschaubarer Gruppen, eine Wende in Richtung Nachhaltigkeit jenseits der großen Politik fördern könnten. In solchen Diskussionen werden dann, anders als in den Argumenten der Wirtschafts- und Sozialwissenschaftler zur Nachhaltigkeit, vor allem moralische Appelle formuliert. Es geht weniger um effektive Maßnahmen zum Schutz der natürlichen Lebensgrundlagen, sondern eher um die Wahrnehmung des schlechten Lebens, das Menschen miteinander und in der Natur führen. Aufgrund dieser Wahrnehmung sollte allen klarwerden: Unser Leben muss radikal anders werden. Nicht selten werden Aufforderungen an die Einzelnen, ihr Verhalten zu ändern, in umfassende Visionen von Gesellschaft, Wirtschaft und Politik eingebettet, die allerdings nicht unbedingt an den Maßstäben von Wissenschaftlichkeit und Falsifizierbarkeit gemessen werden können.[96] Was in den Standarddiskursen als eine Art Blackbox oder Leerstelle erscheint, nämlich die Bedeutung des Ausdrucks *Bedürfnisbefriedigung,* wird in der Moraldebatte über Nachhaltigkeit ausdrücklich thematisiert. Die liberale Idee, jedes Individuum solle nach Möglichkeit selbstständig entscheiden, was seine Bedürfnisse sind, wird zugunsten der Vorstellung relativiert, aus gemeinschaftlich erarbeiteten und für alle verbindlichen Ideen eines guten Lebens könne der vernünftig nachvollziehbare Bedarf eines jeden Menschen abgeleitet werden. Daraus wären dann auch die Prinzipien einer naturverträglichen Wirtschaft zu entwickeln. Von den Individuen wird gefordert, dass sie darauf verzichten, immer mehr Geld oder immer mehr Güter zu erwerben, um ihre Lebensbedingungen stets zu verbessern. Stattdessen sollen sie ein Maß finden, auf das sie ihren Konsum beschränken. Inwieweit aus solchen Ideen praktikable Politikempfehlungen hervorgehen können, kann hier offenbleiben.

Im moralisierenden Ansatz lassen sich explizit Aspekte von Schuld und Verhaltensänderung zur Sprache bringen: Die gegenwärtige Lebensweise des reicheren Teils der Menschheit wird als verwerflich angesehen, eine andere Art zu leben, gilt als dringend geboten.[97] Die Forderung nach einer grundlegenden Transformation bezieht hier ausdrücklich die Lebensweise derer, die diese Forderung stellen, mit ein. Ihnen ist bewusst, das, was immer sie von anderen verlangen, zunächst einmal von ihnen selbst zu leisten ist: Das Gute, das man für die Menschheit erhofft, nimmt seinen Anfang in der eigenen Lebensführung. Allerdings kommt es in allzu moralisch gefärbten Diskursen manchmal zu einer Art Überbietungswettbewerb der Selbstgerechtigkeit. Typisch für diese Seite des moralischen Nachhaltigkeitsdiskurses ist die Sicherheit vieler unter denen, die sich ganz ohne Auto und Flugzeug fortbewegen, nur ökologisch und sozial unbedenkliche Produkte verwenden, vielleicht noch in einem Niedrigenergiehaus wohnen und die Früchte des eigenen Gartens genießen: Sie wissen, dass sie zu den Guten gehören, und nicht wenige unter ihnen zeigen, dass sie es wissen. Mit ihrer Lebensführung drücken sie aus: Mein ökologischer Fußabdruck ist – im Gegensatz zu dem ökologischen Fußabdruck der Mehrheit – auch unter Nachhaltigkeitsgesichtspunkten vertretbar. Kaum weniger typisch ist allerdings auf der anderen Seite auch die lässige Ironie derer, die sich *nicht* zu diesen Guten zählen und mit Verweis auf ihr schlechtes Gewissen gleichsam augenzwinkernd all das tun, von dem sie behaupten, sie wüssten genau, dass sie es nicht tun sollten.

Wie immer man auch bestimmte Auswüchse beurteilen mag, es ist festzuhalten: Moraldebatten innerhalb des Nachhaltigkeitsdiskurses zeigen an, dass es dabei nicht nur um Machen und Tun geht, wie es sich in Technik, Wirtschaft, Gesellschaft und Politik vollzieht oder vollziehen sollte, sondern auch und vielleicht sogar mehr noch um die Art, wie Menschen im Zusammenleben mit anderen Menschen und mit nicht menschlichen Mitgeschöpfen ihr Leben wahrnehmen und gestalten. Dieses Anliegen ist ein wesentliches Anliegen aller, die sich ernsthaft für Nachhaltigkeit einsetzen – und es ist auch ein wesentliches Anliegen von Laudato si'. Es geht um weitreichende Veränderungen im Hinblick auf ein gutes Leben. Paradoxerweise vollzieht sich vieles davon unbemerkt im Kleinen, in überschaubaren Gemeinschaften und Gruppen, die neue Lebens- und Wirtschaftsweisen ausprobieren – sei es beispielsweise in Initiativen für die Energiewende, einem gemeinschaftlichen Gartenprojekt oder einem Netzwerk für solidarische Landwirtschaft.

7

Der heutige Zustand der Umwelt – tragisches Schicksal?

Für den Schwund an fossilen Ressourcen, den krisenhaften Zustand der Umwelt, für den Wassermangel, das Artensterben und den Klimawandel sowie für das damit verbundene menschliche Elend und die dunklen Aussichten für die Zukunft der Menschheit sind Ideen und Handlungen von Menschen die Ursachen. Damit stellt sich die Frage der Schuld, der Einsicht in die Schuld und der daraus zu erschließenden Folgen für die Haltung und das Handeln der Menschen. Muss man Francis Bacon, Adam Smith, Karl Marx oder John Maynard Keynes eine Schuld zurechnen, weil sie die Dynamik des Fortschritts begrüßten und mit ihren Ideen förderten? Tragen diejenigen Schuld, die die entsprechenden Technologien erfanden und auf den Markt brachten, tragen diejenigen Schuld, die sie nutzten, sei es für ihren Lebensunterhalt, sei es für ihre medizinische Versorgung oder einfach für irgendwelche echten oder vorgestellten Annehmlichkeiten? Oder waren die Menschen bis etwa 1972 (was ihr Verhältnis zu Natur und Umwelt angeht) nahezu unschuldig, und muss man ihnen erst ab dann, je mehr sich Erkenntnisse im Gefolge des Club of Rome verbreiteten, persönliche Schuld zurechnen dafür, dass sie ein Verhalten fortsetzten, um dessen Folgen sie wissen könnten und wissen müssten? Und wenn man mit Recht von Schuld sprechen könnte, was würde daraus folgen?

© Der/die Autor(en), exklusiv lizenziert an Springer-Verlag GmbH, DE, ein Teil von Springer Nature 2025
R. Manstetten und M. Faber, *Ist die Welt noch zu retten?*,
https://doi.org/10.1007/978-3-662-71819-3_7

7.1 Tragische Schuld und Umweltkrise

Laudato si' setzt bei einer jüdisch-christlichen Deutung von Schuld an, auf die wir im nächsten Kap. (8) zu sprechen kommen. Die Eigenart dieser Deutung kann im Kontrast zu einer andersgearteten Auffassung des Schuldproblems herausgearbeitet werden, wie sie in den Tragödien der antiken griechischen Dichter Aischylos, Sophokles oder Euripides zutage tritt. Der Held einer antiken Tragödie handelt unwissend. Sein Handeln beruht auf Bedingungen, die er nicht kennt, und führt zu Konsequenzen, die er ebenfalls nicht kennt, da sie gänzlich außerhalb seiner Absichten und Ziele liegen. Er übertritt in seinem Tun Grenzen, die ihm nicht bewusst sein können, und muss doch die Folgen seiner Übertretung durch sein Leiden und seinen Untergang tragen. Seine Absichten mögen auf etwas gerichtet sein, was man als gut anerkennen könnte. Aber sein Tun führt ihn im Verlauf der Zeit in eine Konfrontation mit Ordnungen, deren Walten er im Vorhinein nicht wahrhaben kann. So ist der König von Theben, Ödipus, unparteiisch und aufrichtig bestrebt, den Mord an seinem Vorgänger, dem König Laios, aufzuklären, um die Stadt Theben, auf der die Blutschuld dieses Mordes lastet, von einer daraus hervorgegangenen Pestepidemie zu befreien. Aber nach und nach dämmert ihm die Einsicht, am Ende mit unerbittlicher Klarheit, dass er selbst, unwissend, der Täter war. Damit nimmt die Tragödie „König Ödipus" von Sophokles eine Wendung, die aus den anfänglichen Konstellationen nicht zu erwarten ist: Am Ende blendet sich Ödipus, gibt Thron und Herrschaft auf und verlässt die Stadt. Obwohl also ein Held wie Ödipus derart schuldig wird, dass er unschuldig bleibt, gibt es doch einen eigenen Anteil an der Schuld und an dem, was ihm infolge der Schuld widerfährt: Als „Herrscher von Theben, der aber allein in seinem Tyrannen-Wesen, d.h. allein als der sich über heilige Grenzen Hinwegsetzende, zur tragischen Figur wird"[98], ist er nicht frei von Hybris im Sinne einer Überschätzung der Selbstmacht des Menschen. Über Ödipus hinaus sagt der Chor in der Tragödie „König Ödipus", dass es ganz allgemein die Hybris ist, die den selbstmächtigen Herrscher hervorbringt.[99]

Diese Hybris ist mit einer prinzipiellen Blindheit für das Feld verschwistert, auf dem sich das eigene Tun entfaltet. Dem tragischen Helden wird allenfalls im Nachhinein bewusst, dass er sich über göttlich gegebene Grenzen hinweggesetzt hat. Gänzlich wird es ihm vielleicht nie bewusst, denn die Wege der Götter sind ihm nicht bekannt und können ihm nicht bekannt sein. Da die Helden der Tragödie keine Möglichkeit haben, Wesen und Bedeutung ihrer Handlungen im Zusammenhang des Ganzen zu erkennen, können sie für ihr Handeln allenfalls partiell als verantwortlich angesehen werden. Wenngleich die Folgen ihres Tuns auf sie zurückfallen und ihren Untergang bewirken, gibt es für ihre Schuld weder eine angemessene Strafe noch Vergebung und Heilung. Sowohl die jeweilige Handlung als auch ihre Konsequenzen laufen gemäß göttlicher Ordnungen ab, die im Letzten undurchsichtig bleiben und in die auch die Unwissenheit des Helden gleichsam eingewoben ist. In einer tragischen Sicht ist verantwortliches Handeln nur in einem sehr eingeschränkten Sinne möglich, denn alles Handeln geschieht auf einem Feld, dessen Verfasstheit menschlichem Wissen unzugänglich ist. Die Eigenart der Tragödie ist es, dass sie dieses Feld für die Zuschauer in einem Licht zeigt, das für die Handelnden während des tragischen Ablaufs unsichtbar ist und dessen Strahl ihnen allenfalls am Ende, angesichts ihres Untergangs erscheint.

Lässt sich der Weg des technisch-ökonomischen Fortschritts, den die Menschheit seit Beginn der europäischen Neuzeit eingeschlagen hat, in Analogie zur tragischen Schuld interpretieren? Vordenker der modernen Welt von Francis Bacon über Adam Smith und Karl Marx bis zu John Maynard Keynes waren von der Idee bewegt, der Menschheit zu einem ständig besseren, erfüllteren, immer weniger von Sorgen um den täglichen Lebensunterhalt besetzten Leben zu verhelfen. Es ging darum, jeder zukünftigen Generation ein jeweils höheres Niveau an Bedürfnisbefriedigung zu ermöglichen, als es der gegenwärtig lebenden zugänglich war. Mehr noch: Alles Leiden nach und nach zu mindern oder schließlich gar abzuschaffen, war ein Programm, dem seit Jeremy Bentham (1748–1832), dem Begründer des Utilitarismus, nicht nur Theorien moderner Ethik bis auf den heutigen Tag folgen, sondern das sogar in die Ausrichtung wirkungsvoller transnationaler Organisationen wie der Weltgesundheitsorganisation WHO (World Health Organisation) Eingang gefunden hat. Angenommen wurde und wird dabei, dass es in der Macht der Menschen steht, Lebensbedingungen entscheidend zu verbessern, Leiden zu mindern oder sogar Leiden zu beseitigen. Obwohl derartige Ideen immer noch wirksam sind, tut sich heute ein Abgrund auf, in den dieser Weg zu münden scheint. So wie am Ende einer antiken Tragödie das Handlungsgeschehen als ein Zusammenhang von Blindheit, Überhebung und Schuld erscheint, könnte sich der Weg des Fortschritts von Bacon bis heute als Teil eines schicksalhaften Ablaufs enthüllen, dem die Menschheit, die diesen Weg selbst angelegt und beschritten hat, nicht entrinnen kann. Ihr eigener Anteil wäre die Hybris in Gestalt der Selbstermächtigung, die sich nahezu unvermeidlich aus den ins Ungeheure sich steigernden technischen und wirtschaftlichen Möglichkeiten ergab.

Als Folge aber ist eingetreten, dass der Mensch, der sich aus den Fesseln der Natur gelöst hat, Mangel und Krankheit zurückdrängen konnte und am Ende sogar vermeinte, einmal den Tod besiegen zu können, kaum noch Sinn hat für die Lebensgrundlagen, die ihm ohne eigenes Zutun immerfort zuteilwerden. Wenn er sein Leben nur gemäß den Vorgaben des Säkularen auffasst, gibt es für ihn kaum Anlass zu danken für das, was er doch ständig empfängt, für Luft, Wasser und Boden, für die Pflanzen und Tiere, für das Geschenk seiner Leiblichkeit, für die Gabe des Geistes mit seinen scheinbar unbegrenzten Fähigkeiten. Erst recht weiß er nicht, an wen oder was er sich mit seinem Dank zu wenden hätte. Dass auf dieser Haltung des Nicht-danken-Könnens kein Segen liegt, dafür hat Laudato si' ein Gespür. Aber die Überhebung der modernen Menschheit wird, vergleichbar dem Geschehen in der antiken Tragödie, erst im Rückblick sichtbar, während sie für diejenigen, die vor Jahrhunderten als erste ihren Weg zur Macht über die Natur planten und bahnten, kaum erkennbar war. Denn was immer sich dem Gang der westlichen Menschheit seit Bacon im Nachhinein vorwerfen lässt – es fällt schwer, dieser Menschheit insgesamt oder ihren Vordenkern destruktive Absichten oder bösen Willen zu unterstellen. Kann man den in der Geschichte handelnden Akteuren anlasten, dass wir uns in einer Dynamik befinden, die in ihren Ideen, Vorstellungen und Absichten nicht vorgesehen war? Und müssten nicht auch diejenigen, die sich für die Gestaltung einer nachhaltigen Gesellschaft einsetzen, damit rechnen, dass auch alles Zukünftige so kommen wird, wie es nun einmal kommen wird, unabhängig von ihren guten Absichten, ihren Interessen, Wünschen und Planungen? Eine solche Einstellung könnte alles Engagement, wie Laudato si' es fordert, schon im Ansatz lähmen.

7.2   Verantwortung

Als ein Gegenruf gegen die Faszination dieses tragischen Blicks auf das Ende der Menschheit aus dem Geist der Tragödie ist die Monografie „Das Prinzip Verantwortung" von Hans Jonas zu verstehen.[100] Eine grundsätzliche Kritik am Fortschrittsoptimismus der europäisch-amerikanischen Neuzeit führt Jonas zu der Forderung nach einer gänzlich säkular angelegten Neuen Ethik, die heraustritt aus dem Bannkreis eines scheinbar sich mit unerbittlicher Notwendigkeit vollziehenden Weltenlaufs, der im Untergang der Menschheit zu enden droht. Jonas sieht durchaus das Schicksalhafte am bisherigen Gang der Geschichte, sieht auch das Moment der Schuld darin, aber anders als die antiken Tragiker rechnet er den Menschen die Freiheit des Handelns zu und damit die Verantwortung für das, was geschehen ist, jetzt geschieht und geschehen wird. Mit dem Auftrag, Verantwortung zu übernehmen, unterstellt Jonas der Menschheit, sie könne und müsse Zuständigkeit für eine Zukunft übernehmen, die grundsätzlich anders gestaltet werden könnte als alles Bisherige. Basis der Wende, die Jonas fordert, ist ein Neuer Kategorischer Imperativ: „Handle so, dass die Wirkungen deiner Handlung verträglich sind mit der Permanenz echten menschlichen Lebens auf Erden. Oder negativ ausgedrückt: Handle so, dass die Wirkungen deiner Handlung nicht zerstörerisch sind für die künftige Möglichkeit solchen Lebens."[101] Statt der kontinuierlichen Verbesserung der Lebensbedingungen wird deren Bewahrung auf die Agenda gesetzt, statt der Abschaffung allen Leidens ist das Ziel die Rettung der Menschheit – einschließlich ihrer Leidensfähigkeit und ihrer Bereitschaft, den Fortbestand von Leiden prinzipiell zu akzeptieren. Was Jonas indes mit den Propagatoren des Fortschritts verbindet, ist der Glaube an die Möglichkeit, Menschen könnten durch ihre Selbstmacht, durch ihr verantwortungsbewusstes Handeln das Geschick der Menschheit wenden.

Jonas richtet diesen Imperativ insbesondere an die Politik und ihre Repräsentanten, die er in der Pflicht sieht, in absehbarer Zukunft erkennbare Gefahren für das menschliche Leben bereits in der jeweiligen Gegenwart abzuwehren. Dass die Rettung der Menschheit der Politik anvertraut wird, ist für einen Ansatz, der auf religiöse Denkfiguren verzichtet, konsequent – denn was wäre die Alternative? Zugleich aber bezeichnet der Ausdruck *Politik* bei Jonas eine Leerstelle: Das von ihm beschworene Bild des wohlwollenden Staatsmannes, der, wie die Eltern in einer konventionellen Familie, die Aufgaben der Menschheitsfamilie auf sich nimmt und sie im Sinne der Menschheitskinder löst, ist kaum geeignet zu klären, was Politik in diesem Zusammenhang leisten kann und was nicht. Auch in Laudato si' finden sich patriarchale Vorstellungen von Politik, die nicht nur mit der Idee eines freiheitlichen und demokratischen Rechtsstaates kollidieren, sondern auch an der Wirklichkeit der Politik heute vorbeigehen. Immer noch gilt die Warnung von Max Weber, der alle Politik mit einem tragischen Vorzeichen versieht: „Es ist durchaus wahr und eine – jetzt hier nicht näher zu begründende – Grundtatsache aller Geschichte, dass das schließliche Resultat politischen Handelns oft, nein: geradezu regelmäßig, in völlig unadäquatem, oft in geradezu paradoxem Verhältnis zu seinem ursprünglichen Sinn steht."[102]

Die Übernahme der Verantwortung für zukünftiges menschliches Leben, die Hans Jonas von weitblickenden, mit Macht ausgestatteten Persönlichkeiten der Politik fordert, könnte, von Max Weber aus gesehen, eine Last sein, die sich schließlich für jeden, der sie zu schultern versucht, als zu schwer erweisen könnte. Denn vielleicht gibt es niemanden, der sie so tragen kann, dass er, mit ihr beschwert, auch nur ein kleines Stück des Weges der Menschheit zu gehen imstande ist. Dann würde die Verantwortung, die

Hans Jonas entwirft, wenn sie in der Wirklichkeit angenommen wird, den schicksalhaften Ordnungen des Tragischen anheimfallen.

Laudato si' tritt solchen Vorstellungen entgegen. Die Enzyklika ist geprägt vom dem Zutrauen, dass Menschen, als Individuen oder auch als Kollektiv, Verantwortung übernehmen und im Rahmen ihrer Möglichkeiten das Rechte vollbringen können. Dieses Zutrauen prägt insbesondere die Gedanken der Enzyklika zur Sünde und zur ökologischen Umkehr. Wenn wir in Kap. 4 die Anwendung des Begriffs *Sünde* auf Probleme kritisiert haben, deren Klärung Sache der säkularen Wissenschaft ist, geht es im Folgenden darum zu zeigen, dass gerade die Begrifflichkeit von Sünde und Umkehr Potenziale enthält, die angesichts der „Herausforderung der Umweltsituation, die wir erleben" und der „menschlichen Wurzeln"[103] dieser Situation einen ganz anderen, freieren und offeneren Blick gewähren als die säkularen Nachhaltigkeitsdiskurse. Insbesondere können damit Freiheit und Verantwortung in einer Weise angesprochen werden, die die Welt außerhalb des Religiösen nicht kennt.

8

Die Umweltkrise als Spiegel der Sünde

8.1 Bestände und Unfreiheit – Die Macht des Vergangenen

Verantwortliches Handeln setzt Freiheit voraus.[104] Handelnde, die sich ihrer Verantwortung bewusst werden, erleben sich nicht als Spielbälle eines undurchschaubaren, unbeeinflussbaren Schicksals. Vielmehr sehen sie sich als Akteure, die so oder anders entscheiden können und wissen, dass sie für ihre Entscheidungen einstehen müssen. Daher sind sie bereit, die Folgen ihrer Wahl, auch die nicht geplanten und nicht erwünschten, auf sich zu nehmen. Zur menschlichen Freiheit gehört die Möglichkeit, anders zu handeln als man bisher gehandelt hat. Die Vergangenheit determiniert nicht die Gegenwart, vor allem dann nicht, wenn die handelnde Person erkennt, dass ihr bisheriges Handeln nicht richtig oder nicht gut war.

Diese Idee eines Neuanfangs ist besonders anziehend angesichts der ökologischen Krise: Wäre es nicht das Beste, die Menschheit würde sich ganz und gar befreien von den Bürden dessen, was Laudato si' als das *technisch-ökonomische Paradigma* bezeichnet? Müssten wir nicht von vorne anfangen, so radikal, dass wir sagen könnten: Die Verursachung von Umweltschäden und Artensterben durch uns Menschen, das ist Vergangenheit, wir leben ab heute so, dass wir, soweit es an uns liegt, nichts mehr damit zu tun haben?

Da aber ein völliger Neuanfang dem Menschen unmöglich ist, bewährt sich menschliche Freiheit nur da, wo sie sich in ein freies Verhältnis zur Vergangenheit setzt, vor allem zu derjenigen Vergangenheit, die bis in die Ge-

© Der/die Autor(en), exklusiv lizenziert an Springer-Verlag GmbH, DE, ein Teil von Springer Nature 2025
R. Manstetten und M. Faber, *Ist die Welt noch zu retten?*,
https://doi.org/10.1007/978-3-662-71819-3_8

genwart hinein und über sie hinaus wirksam ist. Die Erblasten des Vergangenen sind Bestände. Sie sind zunächst einfach da und müssen berücksichtigt werden; man muss mit ihnen umgehen.[105] So zu tun, als gäbe es sie nicht, wäre illusionär. Die Freiheit zu einem Neuanfang schließt stets die Anerkennung der Präsenz des Vergangenen mit ein; denn Handeln beginnt nie an einem Nullpunkt, sondern setzt an gegebenen natürlichen Umständen und gesellschaftlichen Verhältnissen und Strukturen an, die nicht einfach aus der Welt zu schaffen sind.

Auf die ökologische Krise bezogen heißt das: Bestände sind nicht nur die in der Vergangenheit eingetragenen Schadstoffe in Luft, Wasser und Boden, deren natürlicher Abbau selbst dann, wenn keine neuen Schadstoffeinträge hinzukommen, oft nur langsam, bei manchen Stoffen sogar extrem langsam vonstattengeht, sondern als Bestände erweisen sich vor allem auch Produktionsweisen, Lebensstile, Verhaltensmuster, Gewohnheiten, Strukturen und Institutionen. Jede neue Generation wächst hinein in die Lebensformen der vergangenen Generationen, sie erbt nicht nur in ihrer natürlichen Umwelt die Schadstoffbestände der Vergangenheit, mit denen sie umgehen muss, sondern ihre Erblast sind insbesondere Formen der Lebensgestaltung, die auf sie überkommen sind, Institutionen und Verhaltensmuster. Auch wenn man weiß, dass man sich aus ihnen befreien sollte, kann man sich doch nicht immer davon lösen, selbst wenn sie als problematisch, ungerecht oder gefährlich erkannt worden sind. Im Gegenteil, oft wird an solchen Lebensformen trotz der erkannten Problematik oder Gefährlichkeit weiterhin festgehalten, denn sie können von den Personen, die an ihnen teilhaben, als nützlich oder angenehm erlebt werden. Oder es sind Gewohnheiten, die man nicht aufgeben kann oder nicht aufgeben will, weil jede Veränderung mit Anstrengung oder Kosten verbunden ist.

Was eine gegenwärtige Generation unter dem Gesichtspunkt der ökologischen Krise als Schuld der ihr vorausgegangenen Generationen wahrnimmt, ist oft wie von selbst zur Bedingung ihres eigenen Daseins geworden. Man kann dies bereits in der Bibel im 4. Buch Mose angesprochen finden, wenn es dort heißt: „Der HERR [...] sucht heim die Missetat der Väter an den Kindern bis ins dritte und vierte Glied.“[106] Jede Gegenwart ist die Gegenwart einer Generation, die als „Kinder“ die Folgen dessen auf sich nehmen müssen, was an Schuld und Untat von den vorigen Generationen, Eltern, Großeltern und Urgroßeltern auf sie gekommen ist.

8.2 Sünde und Neuanfang

Ist angesichts derartiger Bestände ein Neuanfang für eine ganze Gesellschaft oder die ganze Menschheit überhaupt denkbar? Diese Fragen muss man stellen, wenn man den eigentümlichen Zugang von Laudato si' zum Problem der Schuld und seiner Bedeutung verstehen will. Dieser Zugang unterscheidet sich grundlegend von den bisher angeführten säkularen und tragischen Konzepten. Er zeigt sich in der Überzeugung, dass die Umweltkrise ebenso wie die gegenwärtigen gesellschaftlichen Spannungen und Konflikte als Ausdruck oder Ausfluss von *Sünde* zu verstehen sind.

Der Begriff „Sünde" hat nicht nur in einem säkularen Denken keinen Platz, sondern auch Christen oder Juden, in deren Traditionen er verortet ist, tun sich mit der Rede von der Sünde nicht selten schwer. Wenn wir hier verständlich zu machen suchen, was Laudato si' unter Sünde versteht, geht es uns um mehr: Die Begrifflichkeit von Sünde, Vergebung und Umkehr fruchtbar zu machen für einen befreienden Umgang mit – eigener und gesellschaftlich vermittelter – Schuld, sodass ein Neuanfang zumindest konzeptionell möglich erscheint. Das bedeutet, dass die folgenden Gedanken zu diesem Thema zwar auf Korrespondenz mit der Enzyklika angelegt sind, aber eigenständig entwickelt werden. Unvermeidlich muss dabei von Gott die Rede sein. Für Nicht-Gläubige mag dieser Ausdruck schon als solcher Anlass zur Distanzierung bieten. Wir würden uns für das Folgende wünschen, dass man sich auf die religiöse Terminologie sozusagen auch dann probeweise einlässt, wenn man von vornherein weiß, dass man sie sich nicht zu eigen machen kann oder will. Was im Besonderen die Verwendung des Ausdrucks „Gott" betrifft, so versuchen wir einige (vielleicht auch Atheisten verständliche) Klärungen in Kap. 12.

Wird Schuld als Sünde angesprochen, so wird sie in einen Horizont gestellt, zu dem es im Säkularen kein Äquivalent gibt. Der Sündenbegriff, wie er in der Argumentation von Laudato si' impliziert ist, setzt das Zusammenwirken von drei Komponenten voraus: Mensch, Gott und die durch menschliches Handeln in Gang gesetzten Prozesse:

1. der Mensch, insofern ihm die Freiheit zukommt, sowohl das Gute als auch das Böse zu wollen und zu tun,
2. Gott, insofern er als Instanz der Gerechtigkeit aufgefasst wird, als Ursprung von Strafe, Gnade und Vergebung,
3. die Prozesse, die zur Zerstörung und Wiederherstellung der Beziehung zwischen Mensch und Gott führen.

Wird Schuld als Sünde angesprochen, verweist sie auf ein Potenzial menschlicher Freiheit und Veränderungsmöglichkeit, das freigelegt werden muss und freigelegt werden kann. Freiheit gewinnt hier allerdings eine besondere Bedeutung, für die es im Säkularen kein Äquivalent gibt. Wie immer man Freiheit auffasst (sofern man nicht von vornherein, etwa aus neurobiologischer oder soziologischer Sicht bestreitet, dass es Freiheit „gibt"), sei es, dass man sie – in den Wirtschaftswissenschaften – als Wahl zwischen ethisch neutralen Alternativen innerhalb eines rechtlichen Rahmens versteht oder – in der Politik – als die Möglichkeit, zwischen Alternativen und zwischen größeren und kleineren Übeln zu entscheiden, sei es, dass man sie tiefgründiger philosophisch-ethisch auffasst, etwa als sittliche Entscheidung in Verantwortung (wie bei Kant oder Jonas): Der Begriff der Freiheit stößt in keinem dieser Fälle in ein Feld vor, in dem es um Reue, Vergebung und Neuanfang geht. Dieses Feld erschließt sich durch den Begriff der Sünde.

Als *Vermögen des Guten und des Bösen*[107] bewährt sich die religiös aufgefasste Freiheit darin, dass sie es ermöglicht, nicht nur das vergangene Böse als eigenes Tun anzunehmen, sondern auch, sich dem gegenwärtigen Guten zuzuwenden. Wo Schuld als Sünde nicht nur erkannt, sondern auch anerkannt wird, wird das Bedürfnis überwunden, sie zu leugnen, zu verdrängen, zu vergessen oder sie so zurechtzubiegen, dass man statt ihrer, wie im Säkularen üblich, von Fehlern spricht. Wer sich als Sünder wahrnimmt, weiß um die eigene Freiheit und Verantwortung in seinem Tun.[108] Zugleich wird einem Menschen in einer solchen Wahrnehmung bewusst, dass Gegenwart und Zukunft anders sein können als die schuldbesetzte Vergangenheit. Zwar bleiben Bestände, keine Magie kann sie zum Verschwinden bringen, aber die Einsicht in die Sünde eröffnet die Möglichkeit eines freien Verhältnisses zu ihnen, worin selbst das Schlechte, das war und in seinen Folgen weiterhin besteht, zur Basis eines kommenden Guten werden kann, das sein soll, und soweit es jeweils an einem selbst liegt, sein wird. Dass dieses Gute möglich ist, auch wenn keinerlei Anzeichen dafür sichtbar sind, ist allerdings nicht im Rahmen der säkularen Wissenschaften zu verstehen, sondern Sache einer Instanz, die in der Religion Glaube genannt wird.

8.3 Die Wunden der Erde und die Gewalt des von der Sünde verletzten Herzens

Laudato si' hebt hervor, „dass sich das menschliche Dasein auf drei fundamentale, eng miteinander verbundene Beziehungen gründet: die Beziehung zu Gott, zum Nächsten und zur Erde. Der Bibel zufolge sind diese drei lebenswichtigen Beziehungen zerbrochen, nicht nur äußerlich, sondern auch in unserem Innern. Dieser Bruch ist die Sünde. Die Harmonie zwischen dem Schöpfer, der Menschheit und der gesamten Schöpfung wurde zerstört durch unsere Anmaßung, den Platz Gottes einzunehmen, da wir uns geweigert haben anzuerkennen, dass wir begrenzte Geschöpfe sind. Diese Tatsache verfälschte auch den Auftrag, uns die Erde zu ‚unterwerfen‘ [vgl. 1. Mose 1,28] und sie zu ‚bebauen‘ und zu ‚hüten‘ [vgl. 1. Mose 2,15]. Als Folge verwandelte sich die ursprünglich harmonische Beziehung zwischen dem Menschen und der Natur in einen Konflikt [vgl. 1. Mose 3,17–19].“[109] So „zeigt sich die Sünde heute mit all ihrer Zerstörungskraft in den Kriegen, in den verschiedenen Formen von Gewalt und Misshandlung, in der Vernachlässigung der Schwächsten und in den Angriffen auf die Natur“.[110]

Gemäß Laudato si' spiegelt also der gegenwärtige Verfall der Ökosysteme ebenso wie die Ungerechtigkeit innerhalb der Gesellschaften *die Gewalt des von der Sünde verletzten Herzens* wider, das sich aus seinen wesentlichen Beziehungen gelöst hat: „Die Gewalt des von der Sünde verletzten Herzens wird auch in den Krankheitssymptomen deutlich, die wir im Boden, im Wasser, in der Luft und in den Lebewesen bemerken“.[111] Wenn das Herz sich im Zustand der Sünde befindet, so geht daraus gemäß Laudato si' Naturzerstörung, Missachtung nicht-menschlicher Spezies und soziales Elend weltweit hervor. Wie ist diese Position zu verstehen, was bedeutet sie für das Handeln gegenüber Natur und Gesellschaft? Um diese Frage zu klären, wollen wir zunächst vertiefen, was im Begriff der Sünde angesprochen wird, und erst dann die Anwendung auf die ökologische Krise versuchen.

8.4 Verlust der Beziehung zu Gott

Sünde ist nach christlich-katholischer Auffassung eine bestimmte Handlungsweise, in der sich eine zugrunde liegende innere Einstellung manifestiert. Anders gesagt: Sünde kennzeichnet sowohl einen Zustand des je persönlichen Innenlebens[112] als auch die einem solchen Zustand entsprechende Art des Verhaltens und Tuns.

Damit aber sind zwei Pole gesetzt:

(i) Der eine Pol, das nach außen erscheinende Handeln, verbindet Sünde mit moralischem Fehlverhalten. Im Katechismus der Katholischen Kirche wird die Sünde demgemäß als „ein Verstoß gegen die Vernunft, die Wahrheit und das rechte Gewissen" angesehen, sie „verletzt die Natur des Menschen und die menschliche Solidarität".[113] Wenn es nur um diese Außenseite ginge, ließe sich vieles vom Sinngehalt der Sünde auch in einem rein säkularen Diskurs erschließen: Sünde wäre ein Tun dessen, was man nicht tun darf oder nicht tun sollte, oder aber eine Unterlassung dessen, was durch die praktische Vernunft geboten ist. Im Letzten wäre damit die Ethik (als Reflexion moralischer Regeln) zuständig für das, was Sünde ist und was nicht.

(ii) Wenden wir uns nun dem anderen Pol zu, dem Zustand des persönlichen Innenlebens. Er hat keine Parallele im Feld der säkularen Ethik, und die Wissenschaft der Psychologie, deren Gegenstand innerpsychische Prozesse sind, hat keinen Zugang zu dem eigentlich religiösen Problem dieses Innenlebens. Die christliche Religion bezieht Sünde auf das Innere des Menschen. Dieses Innere wird aber nicht, wie in der Psychologie, als Objekt betrachtet, dessen Zustand man analytisch oder neurobiologisch durchleuchten kann, sondern einzig als der Ort eines Geschehens, wo, in den Worten der Teresa von Avila, die „tief geheimnisvollen Dinge zwischen Gott und der Seele vor sich gehen".[114]

Nach christlicher Lehre ist Sünde Absonderung im Innersten, Trennung des Menschen von seinem Ursprung, von Gott, ausgehend von einer aus seinem eigenen Willen entspringenden Entscheidung: „Sie ist eine Verfehlung gegen die wahre Liebe zu Gott und zum Nächsten."[115] (Nicht erwähnt, aber aus Sicht von Laudato si' zu ergänzen wäre, dass sich eine solche Verfehlung auch gegen die nicht-menschlichen Mitgeschöpfe richten kann). Mit dem Verlust seiner wesentlichen Bindung, der Bindung an Gott, wird die Beziehungsfähigkeit des Menschen beeinträchtigt, die dem menschlichen Wesen angemessenen Bindungen zu Mitmenschen und Mitgeschöpfen werden beschädigt, wenn nicht gar ganz zerstört oder in einer nur scheinhaften und unwahrhaftigen Weise aufrechterhalten. Auch mit sich selbst wird der Mensch uneins. Der Philosoph, Theologe und Mystiker Meister Eckhart (1260–1328) lehrt: Wenn ein Mensch so lebt, wie er leben sollte, wirkt Gott auf ihn ein wie ein starker Magnet, der von oben her eine Nadel hält, an deren unterem Ende weitere Nadeln haften bleiben. Der Zusammenhang der Nadeln ist ein Bild für ein geordnetes Innenleben, alles ist an seinem rechten Platz. Solange die Kraft des Magneten ungehindert in die oberste Nadel einströmt, sie durchströmt und durch sie auch zu allen weiteren Nadeln bis zur untersten gelangt, bleibt dieses ganze Gebilde in sich gehalten. So bleibt auch die Seele mit allen ihren Kräften einschließlich des Leibes eine integrale Einheit, wenn sie ihr Bestes, ihre Vernunft und ihren Willen, dem Wirken Gottes überlässt. Sünde besteht für Meister Eckhart darin, dass die Vernunft und der Wille des Menschen sich aus der Verbindung mit Gott herausgelöst haben, weil der Mensch meint, ein eigenes Leben *für sich führen* zu können. Dass der Mensch ein eigenes Leben für sich führen kann, gehört zur *Freiheit* des Menschen, die ihm die Möglichkeit gibt, sich von Gott zu trennen. Tut er dies aber, so wird der Mensch nicht nur von Gott geschieden, sondern zerfällt auch gewissermaßen in sich selber wie die Nadeln, die nun ohne Verbindung zum Magneten auch einander keinen Halt mehr bieten: „Solange nämlich die Verbindung der ersten Nadel (zum Magneten) bestehen bleibt, bleiben die folgenden unter ihr hängen; ist aber der Zusammenhang und die Verbindung der ersten Nadel mit dem Magneten gelöst, hängen die zweite und die dritte weder an der ersten noch aneinander, gemäß der Regel: Ist das Erste zerstört, so kann unmöglich etwas von dem Andern bleiben. Und das ist der Stand des Menschen unter der Sünde.“[116] Der Philosoph Schelling drückt etwas Ähnliches aus: „Der Wille des Menschen ist anzusehen als ein Band von lebendigen Kräften; solange nun er selbst in seiner Einheit mit dem Universalwillen bleibt, so bestehen auch jene Kräfte in göttlichem Maß und Gleichgewicht. Kaum aber ist der Eigenwille selbst aus dem Centro als seiner Stelle gewichen, [...] so entsteht zwar ein eignes, aber ein falsches Leben, ein Leben der Lüge, ein Gewächs der Unruhe und der Verderbniß. Das treffendste Gleichniß bietet hier die Krankheit dar, welche als die durch den Mißbrauch der Freiheit in die Natur gekommene Unordnung das wahre Gegenbild des Bösen oder der Sünde ist.“ [117]

Es ist primär nicht eine isolierte Handlung, die als Sünde anzusehen ist, sondern es ist immer auch und vor allem die innere Disposition der Persönlichkeit, die die Handlung ermöglicht. Diese Idee von Sünde ist auch für Laudato si' maßgeblich. Die Ursache für die grundsätzlich verkehrte Einstellung der Menschheit unserer Zeit wird in der Enzyklika darin gesehen, dass „der Mensch sich selbst ins Zentrum stellt“[118], was zugleich bedeutet, dass er die Verbindung zu seinem wesentlichen Zentrum, Gott, gelöst hat. Das ist, ganz im Sinne der christlichen Tradition, der Sinngehalt von Sünde. Als Folge der Okkupierung des innersten Zentrums durch das Ego des Menschen lösen sich alle echten Bindungen zu den Geschöpfen Gottes, den anderen Menschen, den Tieren und Pflanzen teilweise oder vollständig auf.

Solche Überlegungen lassen sich schwerlich mit den religiös indifferenten säkularen Nachhaltigkeitsdiskursen in Verbindung bringen, schon deswegen, weil der Begriff *Gott* in ihnen keine Verwendung findet. Immerhin gibt es Berührungspunkte mit den moralisierenden Positionen (vgl. Kap. 6): Auch säkular ließe sich argumentieren, dass Menschen, die Verhaltensweisen an den Tag legen, von denen sie wissen, dass sie nicht nachhaltig sind, in ihrer Beziehungsfähigkeit beeinträchtigt sind. Unter der Voraussetzung, dass sie tun, was sie als unrecht erkannt haben, können sie *mit sich selbst nicht übereinstimmen*. In der Sprache des Aristoteles: Sie können nicht *mit sich selbst befreundet sein*.[119] Nicht nur um der Natur und der Mitmenschen willen, sondern auch und vor allem um ihrer selbst willen sollten sie die Ungeordnetheit ihres Innern wahrnehmen und sich ändern. Diese säkular formulierbare Idee korrespondiert mit einem der christlichen Tradition entstammenden Gedanken des Meister Eckhart: „Ich bin des so gewiß, wie ich lebe, daß mir nichts so nahe ist wie Gott. Gott ist mir näher, als ich mir selber bin [...]."[120] Sünde wäre der Verlust dieser Nähe. Eine Analogie zu der Nicht-Übereinstimmung mit Gott, der dem Menschen laut Meister Eckhart wesentlicher ist als sein individueller Persönlichkeitskern, wäre, säkular gesprochen, die Nicht-Übereinstimmung mit sich selbst und der innersten eigenen Überzeugung.

8.5   Beziehung zu Mitmenschen: Soziale Sünde

Im Katechismus der Katholischen Kirche wird eine bestimmte Form von Sünde benannt, die zum Verständnis der Umweltkrise aus Sicht der Enzyklika entscheidend ist. Sünde ist nicht auf das Tun und die dazu gehörige innere Disposition einer individuellen Person beschränkt. Es gibt auch „sündige Strukturen", welche in gewisser Weise „eine soziale Sünde" darstellen. „Wir haben aber auch eine Verantwortung für die Sünden anderer Menschen, wenn wir daran mitwirken, indem wir uns direkt und willentlich daran beteiligen, indem wir sie befehlen, zu ihnen raten, sie loben oder gutheißen, indem wir sie decken oder nicht verhindern, obwohl wir dazu verpflichtet sind und indem wir Übeltäter schützen. So macht die Sünde die Menschen zu Komplizen und lässt unter ihnen Gier, Gewalttat und Ungerechtigkeit herrschen. Die Sünden führen in der Gesellschaft zu Situationen und Institutionen, die zur Güte Gottes im Gegensatz stehen. ‚Sündige Strukturen' sind Ausdruck und Wirkung persönlicher Sünden. Sie verleiten ihre Opfer dazu, ebenfalls Böses zu begehen. In einem analogen Sinn stellen sie eine ‚soziale Sünde' dar."[121]

Ohne dass der Ausdruck *soziale Sünde* in Laudato si' gebraucht wird, scheint unter diese Rubrik zu fallen, was dort mit *Kultur des Relativismus* gebrandmarkt wird: Ein geistiges Klima, für dessen Aufkommen zwar einzelne Personen verantwortlich sein mögen, das sich aber zu sozial verbreiteten Verhaltensmustern verselbstständigt hat. Daraus gehen empirisch fassbare Probleme hervor: Menschen gewöhnen sich in ihrem Zusammenleben daran, sich untereinander zu instrumentalisieren und andere Lebewesen zu instrumentalisieren, da sie an sich selbst, ihren Mitmenschen und ihren Mitgeschöpfen deren unveräußerliche Würde nicht mehr wahrnehmen können. Distanz, Gleichgültigkeit oder Aggressivität gegenüber allem, was nicht den eigenen Begierden und Interessen entspricht, breiten sich in den Gesellschaften aus. Die Folge dieser Einstellung sind Ungleichheiten, Spaltungen und Konflikte in der Gesellschaft und Umweltprobleme wie der Temperaturanstieg in der Atmosphäre, die Verknappung des Wassers, die Vergiftung des Bodens und die Zerstörung seiner Fruchtbarkeit sowie das massenhafte Aussterben biologischer Arten. Diese Sicht kann zwar, wie weiter oben gesagt wurde (vgl. Kap. 4) rein wissenschaftlich nicht überprüft werden, kann aber, wie wir nun zeigen wollen, in einem religiösen Horizont deutliche Konturen gewinnen. Diese religiöse Seite wiederum hat Aspekte, die unserer Überzeugung nach auch für nicht religiös orientierte und nicht religiös informierte Menschen bedeutsam werden können.

8.6 Ökologische Umkehr und vollständige Umkehr

Wir haben deutlich zu machen versucht, wie Laudato si' die Umweltkrise der Gegenwart in der Terminologie der Sünde interpretiert. Aber das entscheidende Motiv der Enzyklika ist weder die Sünde im Sinne einer religiösen Phrasierung des allgemein menschlichen Themas der Schuld noch die Sünde als Ursache der Umweltkrise. Was aber bedeutet dann die Lehre von der Sünde im Lichte der Intention von Laudato si'?

Einem weit verbreiteten Vorurteil zufolge bezieht sich der christlich verstandene Begriff der Sünde auf ein Feld, auf dem der Mensch als Sünder vor einem allmächtigen Despoten, Gott genannt, Rechenschaft ablegen muss, um im Gericht der Verdammnis preisgegeben zu werden oder aber Vergebung zu erfahren. Der Gemütszustand eines solchen Menschen ist die

Angst. Das Feld der Sünde ist diesem Vorurteil gemäß durch Konzepte wie Gericht, Strafe, Sühne, Kompensation und Erlass zu charakterisieren, Gott als der Herr dieses Feldes wird als eine objektiv existierende Instanz mit personalen Zügen verstanden, die bald als gerechter Richter nach Verdienst belohnt oder straft, bald als barmherziger Vater ihren Zorn zurückhält und Gnade auch da erweist, wo Strafe angemessen wäre.

Dieses Vorurteil, in manchen Zügen durchaus im Einklang mit dem kirchlichen Dogma, verfehlt das Eigentliche einer vernünftigen Sicht auf Sünde. Wenn im Licht jeder Sündenlehre alle Schuld im Letzten auf eine Zerstörung der Beziehung des Menschen zu Gott zurückgeführt wird, so besteht das Bedeutsame einer solchen Lehre dennoch weder in einer Anthropologie, die sich auf die Schlechtigkeit des Menschen, noch einer Theologie, die sich auf die Herrschergewalt Gottes fixiert. Es geht im Wesentlichen nicht um ein objektives Verständnis der Zerstörung der Gottesbeziehung des Menschen und der Art ihres Zustandekommens. Selbst die Ereignisse, die aus dieser Zerstörung folgten, also das, was schuldhaftes Handeln genannt wird, sind nicht zentral für das Verständnis der Sünde.

Denn alles das fixiert die Aufmerksamkeit auf die Vergangenheit. Zwar liegt Sünde, insofern es um ihre Außenseite, um Getanes und Unterlassenes geht, tatsächlich in der Vergangenheit, aber der angemessene Blick darauf kommt aus der Gegenwart und öffnet, was immer an Vergangenem im Blickfeld erscheint, in Richtung auf eine neue Zukunft. Eine ernstzunehmende Lehre von der Sünde will in der Sünde stets eine durch sie verdeckte, gleichwohl gegenwärtige, in die Zukunft weisende Möglichkeit des Anders-Seins und Anders-Tuns freilegen: die Wiederherstellung und Erneuerung der Beziehung zu Gott, was zugleich ein neues Leben für den Menschen bedeutet. Das aber ist es, was mit dem Begriff Umkehr angesprochen ist. In der Umkehr wird der Mensch ein neuer Mensch, befreit von allem, was er als seine Sünde erkannt hat. Er erfährt Gott nicht mehr als objektive Instanz, deren (scheinbarer) Willkür er ausgeliefert ist, sondern als liebende, zugewandte Wirklichkeit, der er sich anvertraut, weil sie ihn erneuert. So sagt Meister Eckhart: „Wenn aber der Mensch sich völlig aus den Sünden erhebt und ganz von ihnen abkehrt, dann tut der getreue Gott, als ob der Mensch nie in Sünde gefallen wäre, und will ihn aller seiner Sünden nicht einen Augenblick entgelten lassen [...]. Wenn anders er ihn nur jetzt bereit findet, so sieht er nicht an, was vorher gewesen ist. Gott ist ein Gott der Gegenwart. Wie er dich findet, so nimmt und empfängt er dich, nicht als das, was du gewesen, sondern als das, was du jetzt bist.“[122]

Zusammenfassend lässt sich sagen: Als Sünde aufgefasst weist Schuld über sich selbst hinaus in eine Dimension der Befreiung und Freiheit von Schuld. Dafür steht hier der Begriff der Umkehr.

Umkehr ist der Akt einer entscheidenden Wendung im Leben. Der Mensch wendet sich ab von der bisherigen Ausrichtung seines Lebens, da er erkennt, dass diese ihn in die Irre geführt hat. Zugleich gelangt er zu einer Neuorientierung, die ihn auf einen Weg bringt, der ihn zu seinem wahren Leben leitet. Umkehr setzt Reue voraus. Reue ist zugleich Einsicht in die eigene Sünde und Sehnsucht nach Befreiung davon. Der Akt der Umkehr selbst wird wirksam im Vertrauen auf Vergebung für vergangene Sünde, in der Bereitschaft, von der Sünde zu lassen, und in der Hoffnung, dass es möglich ist, ein neues Leben anzufangen, das nicht mehr von der Sünde gezeichnet ist.

Umkehr ist die Übersetzung des griechischen Ausdrucks *Metanoia*, das entsprechende griechische Verb *metanoein* bedeutet *umkehren*. Die Forderung einer *Metanoia* gehört zur Zentralbotschaft des Jesus von Nazareth: „Von da an begann Jesus zu verkünden: Kehrt um! Denn das Himmelreich ist nahe."[123] Der Begriff Metanoia „besagt eine totale Umwendung, eine Umstellung des Menschen in seinem tiefsten Wesen. Metanoia bleibt aber nicht im innerseelischen Raum, sondern drängt nach außen zur Tat."[124]

Laudato si' fordert aber nicht einfach Umkehr, sondern spezifiziert die Umkehr durch das Attribut *ökologisch:* „Wir erinnern an das Vorbild des heiligen Franziskus von Assisi, um eine gesunde Beziehung zur Schöpfung als eine Dimension der vollständigen Umkehr des Menschen vorzuschlagen. Das schließt auch ein, die eigenen Fehler, Sünden, Laster oder Nachlässigkeiten einzugestehen und sie von Herzen zu bereuen, sich von innen her zu ändern."[125] „[Es ist] nicht genug, dass jeder Einzelne sich bessert. [...] Auf soziale Probleme muss mit Netzen der Gemeinschaft reagiert werden, nicht mit der bloßen Summe individueller positiver Beiträge [...]. Die ökologische Umkehr, die gefordert ist, um eine Dynamik nachhaltiger Veränderung zu schaffen, ist auch eine gemeinschaftliche Umkehr."[126]

Der Begriff ökologische Umkehr ist, soweit wir sehen, in der Theologie neu. In der traditionellen Dogmatik der Katholischen Kirche konnte er noch nicht vorkommen. Laudato si' versucht, das Verhältnis zwischen *vollständiger Umkehr* und *ökologischer Umkehr* zu klären, indem *eine gesunde Beziehung zur Schöpfung als eine Dimension der vollständigen Umkehr des Menschen* betrachtet wird. Darüber hinaus scheinen uns jedoch weitere Klärungen notwendig.

Jede Umkehr, die den Namen verdient, ist darauf angelegt, eine *vollständige Umkehr* zu werden. Denn es ist das Wesen der Metanoia, dass sie nicht halbherzig angelegt sein kann, sondern den Menschen in seiner ganzen Existenz betrifft. Eine solche Umkehr hat ihren Ursprung im Innersten, aber sie muss sich im äußeren Leben durch das Handeln bewähren. Folgen einer Umkehr können durchaus in unterschiedlichen Bereichen wirksam werden. In diesem Sinne gehört, wie Laudato si' formuliert, auch *eine gesunde Beziehung zur Schöpfung zur Umkehr*[127].

Laudato si' unterscheidet allerdings nicht deutlich zwischen einer vollständigen Umkehr, d.h. einer Umkehr im eigentlichen Sinn, und einer ökologischen Umkehr, *die gefordert ist, um eine Dynamik nachhaltiger Veränderung zu schaffen* und von der hervorgehoben wird, dass sie *auch eine gemeinschaftliche Umkehr* ist (s.o.). Eine vollständige Umkehr im Sinne der christlichen Botschaft hat unmittelbar nichts mit Nachhaltigkeit zu tun, auch Ökologie liegt außerhalb ihres Bedeutungsfeldes. Erst wenn man bestimmte Konsequenzen einer vollständigen Umkehr in Betracht zieht, kann man den Begriff der Umkehr auf Probleme beziehen, wie sie aktuell unter Begriffen wie *Nachhaltigkeit* und *Ökologie* diskutiert werden. Eine andere Möglichkeit, ökologische Umkehr aufzufassen, die wir weiter unten betrachten werden (Kap. 12), wäre ein neues, ökumenisches, den Rahmen des Christentums überschreitendes Verständnis von Umkehr, das seinen Ausgangspunkt bei der Ökologie nimmt.

Bleiben wir zunächst noch bei der Umkehr im eigentlichen Sinn. Wenn im Innersten des Menschen Umkehr geschieht, wird eine neue Beziehung zu Gott eröffnet. Der Mensch gibt sein Zentrum, das sein Egoismus und die Illusion seiner Selbstmächtigkeit besetzt hatten, für die Präsenz Gottes frei, der nach christlicher Lehre die allumfassende Liebe ist. Oder, besser gesagt, der Mensch ist empfänglich geworden und bereit für sein Leben in Gott, sein Leben in der Liebe und aus der Liebe, ein Leben, das er zuvor allenfalls ahnte: „Denn in ihm leben, weben und sind wir", sagt Paulus.[128] „Das wahre Licht, das jeden Menschen erleuchtet",[129] ist in einem solchen Menschen nicht mehr durch die Sünde verdeckt, sondern hell und klar aufgegangen. Dadurch sieht er sich in den Stand gesetzt, von Egoismus und Selbstmacht abzulassen. Er kann der Suche nach Wahrheit und Gerechtigkeit im Geist der Liebe in seinem Bewusstsein Raum geben.

Die eigentliche Umkehr kann allerdings nicht durch die willkürliche Entscheidung eines Menschen in Gang gesetzt werden, denn dann wäre sie Resultat der Selbstmacht des Menschen, die meint, das Entscheidende durch das eigene Wollen und Tun hervorrufen zu können. Die Ablösung vom Zwang der Selbstmacht kann nicht ihrerseits allein durch den Einsatz von Selbstmacht gelingen. Der Mensch kann und muss sich zwar um Umkehr bemühen, aber, theologisch gesprochen, ist er für die Umkehr auf die *Gnade* angewiesen. Gnade ist Gabe aus einer dem Menschen unverfügbaren Dimension, christlich gesprochen: Sie stammt aus der Liebe, die Gott ist.

Umkehr ist daher nicht im Rahmen menschlicher Intentionen und Leistungen machbar, sie ist nicht Gegenstand einer Technik, einer Übung. Zugleich aber gibt es für den Menschen keine höhere Aufgabe als die Umkehr. Insofern gilt, in anscheinendem Gegensatz zu dem eben Gesagten, dass der Mensch alles, was er vermag, tun soll, damit Umkehr in ihm möglich wird. Dass der Mensch alles dafür tun muss, damit Umkehr geschieht, und doch letztlich aus Eigenem nichts dafür tun kann, weil es die Gnade ist, die in ihm die Umkehr erwirkt, das könnte man als das Paradox der Umkehr bezeichnen.

8.7 Umkehr, Zeit, Ewigkeit und Gegenwart

Obwohl der Begriff der Ewigkeit zu dem Schwierigsten gehört, was Theologie und Philosophie behandeln, wollen wir hier im folgenden Abschnitt etwas dazu sagen, insofern es zum Thema Umkehr gehört.

Umkehr, soweit sie manifest wird, geschieht in der Biografie einer Person zu einem bestimmten Zeitpunkt oder in bestimmten Zeiträumen. Zugleich aber weist sie über die Zeit im Sinne des Werdens und Vergehens hinaus. Im eigentlichen Sinn lässt sie sich nicht aus dem horizontalen Zeitverlauf, aus den Ordnungen von Vergangenheit, Gegenwart und Zukunft ableiten, erst recht nicht aus der innerhalb dieser Ordnungen geltenden Kausalität. Umkehr ist folglich kein Resultat aus der der Umkehr vorausgehenden Lebenszeit des Individuums mit den dazu gehörigen Ereignis- und Handlungsketten. Denn mit der Umkehr, wenn sie vollständig ist, löst sich der Mensch aus allen Verstrickungen dessen, was er getan hat und was ihm angetan wurde, und er gewinnt etwas, das im Sinne des Christentums nichts Zeitbehaftetes ist: *ewiges Leben.* Das ewige Leben ist nicht identisch mit einem Leben nach dem Tod – denn durch das *nach* wäre es seinerseits noch *in der Zeit*. Das ewige Leben bezeichnet vielmehr die menschliche Existenz in der Vertikalen, d.h. menschliches Dasein in der zeitlos ohne Vergangenheit und Zukunft gegenwärtigen Gottesbeziehung. Es geht um die Gegenwart, den gegenwärtigen Augenblick. Meister Eckhart spricht vom einen Nu der Ewigkeit, das stets gegenwärtig ist. In Momenten herausgehobener Erfahrung kann es sogar jede Vorstellung von Zeit suspendieren. Dagegen spielt sich das Leben von Menschen, das wir gewöhnlich erleben, wie kreatürliches Leben überhaupt in der Horizontalen, in der in Stunden, Tagen und Jahren ablaufenden Zeit (griechisch: *Chronos*) innerhalb der Spanne zwischen Geburt und

Tod ab. Es verläuft in den Ordnungen von Vergangenheit, Gegenwart und Zukunft und hat seinen Ausgang im Tod. Ewiges Leben bedeutet die Aufhebung dieser Ordnungen, und damit zugleich auch die Aufhebung von Schuld, die aus der Vergangenheit lastet, und die Aufhebung von Sorgen, die die Zukunft beschweren. Im Neuen Testament ist davon die Rede, dass die zeitlose Präsenz ewigen Lebens in herausgehobenen Momenten in die Zeit von Menschen einbricht. Das wird mit dem Ausdruck *Kairos* angedeutet. Kairos ist die erfüllte Zeit, der Augenblick, der aus dem ewigen Leben entspringt. Wo Umkehr erfahren wird, ist ewiges Leben im Jetzt wirklich.

Allerdings darf man den Kairos nicht gegen das Leben in der Zeit, in der Horizontalen, ausspielen. Denn das Leben in der ablaufenden Zeit teilt der Mensch, solange er zwischen Geburt und Tod existiert, auch wenn er Umkehr erfährt, weiterhin mit allem Lebendigen; er lebt, freut sich, leidet und wird am Ende seines Lebens sterben. Und wenn die Umkehr auch ihre Wurzeln in einer Dimension hat, in der die Macht der Zeit im Sinne des Werdens und Vergehens wirkungslos ist, erweist sie sich als kraftvoll gerade darin, dass sie nicht außer der Zeit bleibt, sondern in der Zeit, inmitten des Werdens und Vergehens, zur Wirkung gelangt. Die lebendig gewordene Gottesbeziehung wirkt sich auf alle Beziehungen des Menschen in der horizontalen Zeit aus. Ermöglicht und erfordert sind neue und andersartige Beziehungen zu allen Geschöpfen im Geist der Liebe. Zu diesen neuen Beziehungen gehört auch die zur Umwelt und zu den mannigfachen Formen des Lebens in ihr. So gesehen, ist eine ökologische Umkehr, wie Laudato si' mit Recht sagt, in der Tat eine Dimension der vollständigen Umkehr.

8.8   Was bedeutet Ökologische Umkehr für den Nachhaltigkeitsdiskurs?

Die Idee einer *ökologischen Umkehr* hat mit dem Nachhaltigkeitsdiskurs in seinen gängigen Erscheinungsformen nur wenig gemeinsam. Denn dieser ist geprägt durch die Idee optimaler Bedürfnisbefriedigung von Menschen in einem ökologisch langfristig tragbaren Rahmen. Zu verwirklichen wäre sie durch den angemessenen Einsatz von Technik und Wissenschaft, die kreative Energie der Wirtschaft sowie durch vernünftige Grenzen für Produktion und Konsum seitens der Politik. Eine solche Vorstellung läuft dem Geist der Enzyklika zuwider, wie überhaupt die Idee einer Politik der Nachhaltigkeit, die die menschliche Selbstmacht aufs Stärkste in Anspruch nehmen müsste, in der Enzyklika keine Stütze findet. Auch der Radikalismus der alarmistischen Ansätze ist keineswegs konform mit der Enzyklika, weil dieser Radikalismus die Durchsetzungsmacht der Politik noch in weitaus höherem Maße fordern müsste als die Standardansätze. Dem Anliegen der Enzyklika gemäß stellt sich daher die Frage, was eine *ökologische Umkehr* für den Nachhaltigkeitsdiskurs der Gegenwart bedeutet und an welcher Stelle diese Umkehr sich dort einzeichnen ließe.

Versteht man die Idee der ökologischen Umkehr in der Begrifflichkeit von Sünde, Einsicht in die Sünde (Reue), Vergebung und Neuanfang, so zeigt sich zwar in der Wortwahl eine nahezu unüberwindliche Distanz zu gängigen Nachhaltigkeitsdiskursen. In der Sache aber kommuniziert Laudato si' mit dem moralisierenden Ansatz, und, recht verstanden, könnten bestimmte Gedanken der Enzyklika sogar zu seiner Klärung und Vertiefung beitragen. Wir haben in Kap. 5 betont, dass oft in diesem Ansatz mehr oder weniger diffuse Vorstellungen von schlechtem Gewissen und Schuld vorherrschend sind. In einer rein säkularen Perspektive ist es nicht zufällig, dass in Sphären der Öffentlichkeit, vor allem in der Politik, zwar häufig Schuldvorwürfe erhoben werden, dass die Adressaten jedoch, sofern sie die Berechtigung der Vorwürfe nicht leugnen können, in der Regel den Begriff der Schuld zurückweisen. Sie reden, wenn es nicht anders geht, von Fehlern und räumen gewisse Versäumnisse ein. Aber wenn Schuld einmal zugegeben und bestätigt wird, zieht das die Frage nach sich: Was folgt daraus? Soweit geltendes Recht verletzt wird, geht es um Kompensation (Zivilrecht) oder Sanktionierung (Strafrecht). Aber was ist mit der nicht justiziablen Schuld, wie sie in übermäßigem Konsum von und unachtsamem Umgang mit Natur besteht? Was ist mit der Schuld, die sich aus mangelndem Einsatz für die Natur und für die Armen ergibt? Wie geht eine säkulare Gesellschaft damit um? Für derartige Fragen halten die moralisierenden Diskurse der Nachhaltigkeit keine befriedigende Antwort bereit. Die religiöse Begrifflichkeit im Hintergrund von Laudato si' bietet hier sowohl eine Sprache für diese Fragen an als auch Orientierungen für das Handeln. Wenn Menschen erkennen, dass sie durch ihre Lebensweise zu den *Wunden der Erde* beitragen, können im Rahmen der Ideen von Sünde, Vergebung und Umkehr belastende Gefühle von Schuld und die Schuld selbst transformiert werden. Das kann allerdings nur dann geschehen, wenn das Potenzial von Befreiung, von Vergebung und Neuanfang bewusst wird, das den eigentlichen Gehalt des mit *Sünde* und *Umkehr* Angesprochenen ausmacht. Menschen können in diesem Fall ein freies Verhältnis zu ihrem bisherigen Leben entwickeln, derart, dass eine von der Last des Vergangenen gelöste und damit bessere und freiere Zukunft für sie möglich wird. Das Potenzial der Umkehr entfaltet seine Kraft insbesondere, wenn man es für das säkulare Konzept der Verantwortung fruchtbar macht. Wenn man zu Recht von einer „Last der Verantwortung" spricht, die von der sie tragenden Person als drückend erfahren werden kann, bis dahin, dass sie darunter „zusammenbricht", so erinnert die religiöse Kategorie der Umkehr an eine tiefere Freiheit, die von der Last niemals so sehr beschwert werden kann, dass der Mensch resigniert. Wer sich in Verbindung mit seinem tiefsten Innern erfährt – christlich gesprochen, mit Gott – hat deswegen zwar keineswegs die Sicherheit, dass etwa wirtschaftliche oder politische Handlungen, für die er verantwortlich ist, richtig und gut sind – Fehler und Fehlentwicklungen sind stets möglich. Aber der Umgang mit Verantwortung aus dem Geist der Umkehr ist von einer Freiheit und Gelassenheit geprägt, für die die säkulare Welt kaum ein Gegenstück hat. Denn Freiheit und Gelassenheit haben nichts gemein mit Leichtfertigkeit, Beliebigkeit und Nachlässigkeit, also mit denjenigen Fähigkeiten, mit denen man die Last der Verantwortung im gewöhnlichen Leben oft abzuschütteln pflegt.

Allerdings scheint dennoch eine Spannung zwischen Umkehr und Nachhaltigkeit zu bestehen, und zwar in zwei Hinsichten:

1. Umkehr, so wie sie bisher betrachtet wurde, ist personengebunden. Nachhaltigkeit aber erstreckt sich immer auf eine Gesellschaft, letztlich auf die ganze Menschheit.
2. Im Rahmen der Nachhaltigkeit soll Leben *innerhalb der Zeit* auf Dauer gestellt werden, Umkehr aber weist über alle Zeit hinaus in eine Richtung, die mit dem Ausdruck *ewiges Leben* angedeutet wird.

Ist eine Vermittlung von Umkehr und Nachhaltigkeit, die ja ein Kernanliegen von Laudato si' ist, überhaupt denkbar? Laudato si' bietet für eine solche Vermittlung den Begriff der *gemeinschaftlichen Umkehr*[130] an. Dieses Konzept wird in der Enzyklika, soweit wir sehen, jedoch nicht ausgeführt. Verständlich, aber auch verdeutlicht in seiner Problematik wird es jedoch vor dem Hintergrund biblischer Stellen, denen wir uns im Folgenden zuwenden.

9

Nachhaltigkeit und Gerechtigkeit in der Bibel

Sowohl für religiös neutrale Konzepte von Nachhaltigkeit als auch für ein religiös aufgefasstes Leben gemäß den Geboten Gottes ist der Begriff der *Gerechtigkeit* von entscheidender Bedeutung. Im Rahmen biblischer Vorstellungen von Gerechtigkeit und Ungerechtigkeit kann man anhand bestimmter Texte auch den Begriff der *gemeinschaftlichen Umkehr* verdeutlichen.

9.1 Gerechtigkeit als Bedingung für Nachhaltigkeit

Manche Passagen der Hebräischen Bibel, des Alten Testamentes der Christen, lassen das Leben der Gerechten als strukturell nachhaltig, das Leben der Sünder dagegen als strukturell nicht nachhaltig erscheinen. Wir werden auf diese Passagen eingehen, anschließend aber zeigen, dass sich von der Bibel her die einfache Folgerung: Gerechtigkeit bewirke Nachhaltigkeit und gutes Leben, Ungerechtigkeit das Gegenteil, nicht halten lässt.

Vielfach und in unterschiedlichen Zeiten wurde die Überzeugung formuliert, dass Unglücksfälle aller Art, Naturkatastrophen, Seuchen, Wirtschaftskrisen und Kriege eine Gesellschaft dann heimsuchen, wenn diese Schuld auf sich geladen hat. Das Unheil kommt als strafender Ausgleich für die Untreue der Menschen gegen Gott oder für die Untaten, die sie anderen angetan haben. Eine Analogie stellt die Lehre vom Karma dar: „Im Buddhismus bedeutet *karma* [kursiv im Original] ‚Ursache und Frucht', den Kreislauf von Leben und Tod im [...] Sinne des ‚selbstgewollten Verhängnisses.'"[131]

R. Manstetten und M. Faber, *Ist die Welt noch zu retten?*, https://doi.org/10.1007/978-3-662-71819-3_9

Innerhalb dieses Kreislaufes fällt alles Böse auf seine Urheber zurück. In der Bibel ist der Untergang der Städte Sodom und Gomorrha durch Feuer und Schwefel vom Himmel die Folge der Gräueltaten, die dort geschehen sind und weiterhin geschähen, würde Gott nicht eingreifen.[132] Zwar würden wenige Gerechte ausreichen, damit Gott von seiner Strafe abließe, aber Abraham, der für die Rettung der Stadt eintritt, kann nicht dafür geradestehen, dass man unter den vielen Bewohnern dort auch nur zehn Gerechte antreffen würde.[133]

Die Weisheitsschriften der Hebräischen Bibel lehren, dass Gerechtigkeit Wohlergehen bringt, Ungerechtigkeit aber Unheil. So heißt es in den Salomo zugeschriebenen Sprüchen: „Unheil verfolgt die Sünder; aber den Gerechten wird mit Gutem vergolten. Der Gute wird vererben auf Kindeskind; aber des Sünders Habe wird gespart für den Gerechten."[134] Gerechtigkeit erscheint – auf der individuellen und familiären Ebene – hier gleichbedeutend mit Nachhaltigkeit, denn sie bewirkt Weitergabe des Guten auf die folgenden Generationen, *auf Kindeskind*, während der Sünder seiner Habe verlustig gehen wird. Die Drohungen gegen den Sünder werden nicht nur für Individuen, sondern, wie wir am Beispiel von Sodom und Gomorrha sehen, auch gegen ganze Völker und Imperien ausgesprochen. Insbesondere aber berichtet die Hebräische Bibel, dass Gott auch und gerade sein eigenes Volk, Israel, nicht verschont, wenn es der Sünde anheimfällt.

Worin besteht die Sünde einer ganzen Gemeinschaft? Im Psalm 81 werden Gott diese Worte zugeschrieben: „Aber mein Volk gehorcht nicht meiner Stimme, und Israel will mich nicht. So habe ich sie dahingegeben in die Verstocktheit ihres Herzens, dass sie wandeln nach eigenem Rat."[135] Wer sich gegen alles verschließt, was die eigene Ichbezogenheit aufbrechen könnte, wer *mit verstocktem Herzen wandelt nach eigenem Rat*, wird taub gegenüber allen Forderungen der Gerechtigkeit. Sollte sie jemand einklagen, wird man bei den Verstockten auf eine feindselige Haltung stoßen. Die Angesprochenen erscheinen hier nicht als Individuen, sondern als ein Kollektiv: *mein Volk*. Kollektive Ablehnung erfuhren bereits die Propheten vor weit mehr als zweitausend Jahren. Die Haltung derer, die sich um nichts kümmern als ihre eigenen Belange, hat der Prophet Jeremia so charakterisiert: „Daraus wird nichts! Wir wollen unsern eigenen Plänen folgen und jeder nach dem Starrsinn seines bösen Herzens handeln."[136] Diese Haltung, wenn sie eine ganze Gemeinschaft erfasst, wird zum Unheil ausschlagen. Im *Lied des Mose* am Ende des 5. Buches Mose, des Deuteronomium, können wir lesen:

„Denn des HERRN Teil ist sein Volk, Jakob [Name für das Volk Israel] ist sein Erbe. [...] Der HERR allein leitete ihn, und kein fremder Gott war mit ihm. Er ließ ihn einherfahren über die Höhen der Erde und nährte ihn mit den Früchten des Feldes und ließ ihn Honig saugen aus dem Felsen und Öl aus hartem Gestein, Butter von den Kühen und Milch von den Schafen samt dem Fett von den Lämmern, feiste Widder und Böcke und das Beste vom Weizen und tränkte ihn mit edlem Traubenblut. Als aber Jeschurun [ein anderer Name für das Volk Israel] fett ward, wurde er übermütig. Er ist fett und dick und feist geworden und hat den Gott verworfen, der ihn gemacht hat. Er hat den Fels seines Heils gering geachtet und hat ihn zur Eifersucht gereizt durch fremde Götter; durch Gräuel hat er ihn erzürnt. […] Ich will alles Unglück über sie häufen, ich will alle meine Pfeile auf sie schießen. Vor Hunger sollen sie verschmachten und verzehrt werden vom Fieber und von jähem Tod. Ich will der Tiere Zähne unter sie schicken und der Schlangen Gift. Draußen wird das Schwert ihre Kinder rauben und drinnen der Schrecken den jungen Mann wie das Mädchen, den Säugling wie den Greis."[137]

Es erscheint bedenkenswert, die Umweltkrise unserer Tage im Lichte solcher Bibelstellen zu deuten. Dass Menschen ihre eigenen Pläne verfolgen, dass sie statt Wahrheit, Gerechtigkeit und Frieden ihren eigenen Vorteil absolut setzen, dass sie *fremden Göttern*, nämlich Reichtum, Macht und Lust huldigen und für diesen *Götzendienst* Lüge, Gleichgültigkeit, Ungerechtigkeit und Gewalt einsetzen, ist kein privates Problem, sondern kann durchaus als Fehleinstellung ganzer Gesellschaften wahrgenommen werden. Zeigt sich die Verkehrtheit des Lebens der Besitzenden von heute nicht, in der Sprache von Laudato si', an den *Wunden der Erde* und den Rissen in den Gesellschaften weltweit? Und gehören Drohungen, schrecklicher noch als die Botschaften der Propheten, nicht zum Inventar der Warnungen der Klimaforscher und der Mahnungen der Klimaaktivisten?

9.2 Gemeinschaftliche Umkehr

Zugleich bietet die Hebräische Bibel Hoffnung. *Wenn* eine Umkehr stattfindet, *wenn* die Menschen sich gemeinschaftlich auf die Gebote Gottes besinnen und sich zur Gerechtigkeit hinwenden, wird ihnen, auch wenn sie bisher unter göttlichen Strafen leiden mussten, vollständige Heilung versprochen: „Siehe, wenn ich den Himmel verschließe, dass es nicht regnet, oder die Heuschrecken das Land fressen oder eine Pest unter mein Volk kommen lasse und dann mein Volk, über das mein Name genannt ist, sich demütigt, dass sie beten und mein Angesicht suchen und sich von ihren bösen Wegen bekehren, so will ich vom Himmel her hören und ihre Sünde vergeben und ihr Land heilen."[138]

Hier ist ausdrücklich von einer *gemeinschaftlichen Umkehr* die Rede, die, so wird verheißen, zur *Heilung des Landes* führen wird. Eine Übertragung auf unsere Situation liegt nahe. Was als *Heilung des Landes* ansteht, ist – in der Sprache von Laudato si' – die Heilung der Erde von den Krankheiten, die ihr durch die Sünde zugefügt wurden. Solche Heilung ist möglich: Das ist die Hoffnung, der Laudato si' Ausdruck verleiht. Bibelstellen wie die hier angeführte, scheinen sie zu stützen. Die Antwort auf die Warnungen der Wissenschaftler und Aktivisten wären dann primär nicht politische Maßnahmen, sondern eine kollektive Einsicht in die Schuld gegenüber Mensch und Natur, ein allgemeines Sündenbekenntnis in Bezug auf die verwundete Erde, die Bitte um Vergebung und ein radikaler Neuanfang – entsprungen aus einer Hinwendung zum wahren Gott, dem Schöpfer und Erlöser. Damit würde sich, biblisch begründet, bestätigen, was, wie bereits zitiert, Laudato si' nahebringen möchte: „Die ökologische Umkehr, die gefordert ist, um eine Dynamik nachhaltiger Veränderung zu schaffen, ist auch eine gemeinschaftliche Umkehr."[139]

Eine gemeinschaftliche Umkehr wird in der Bibel auch von dem Volk von Ninive berichtet, dem der Prophet Jona den Untergang prophezeit hatte: „Und als Jona anfing, in die Stadt hineinzugehen, und eine Tagereise weit gekommen war, predigte er und sprach: Es sind noch vierzig Tage, so wird Ninive untergehen. Da glaubten die Leute von Ninive an Gott und riefen ein Fasten aus und zogen alle, Groß und Klein, den Sack zur Buße an. Und als das vor den König von Ninive kam [...], ließ [er] ausrufen und sagen in Ninive als Befehl des Königs und seiner Gewaltigen: [...] Ein jeder kehre um von seinem bösen Wege und vom Frevel seiner Hände! Wer weiß, ob Gott nicht umkehrt und es ihn reut und er sich abwendet von seinem grimmigen Zorn, dass wir nicht verderben. Als aber Gott ihr Tun sah, wie sie umkehrten von ihrem bösen Wege, reute ihn das Übel, das er ihnen angekündigt hatte, und tat's nicht."[140] Diese Geschichte bildet, wie vermutlich schon ihre ersten Leser vor weit über zweitausend Jahren wussten, keinerlei historische Tatsachen ab. Jedoch wird durch sie die Idee der kollektiven Umkehr selbst in einem Extremfall – Ninive, die Hauptstadt des Assyrerreiches, galt den Juden als Inbegriff einer Stätte des Bösen – in den Bereich des Möglichen gerückt.

Die Kategorie der gemeinschaftlichen Umkehr setzt voraus, dass es ein Kollektivsubjekt der Umkehr gibt, was wiederum eine Gemeinschaft erfordert, die sich einmütig ihrer Sünde bewusst wird und sie einstimmig bekennt. Als eine solche Gemeinschaft erscheint in der Hebräischen Bibel das Volk, im strengen Sinne allerdings nur *ein* Volk, das Volk Israel.

In der christlichen Tradition ist jedoch die Idee einer gemeinschaftlichen Umkehr zwar in den Anfängen durchaus wirkmächtig, aber im Verlauf der Ausbreitung des Christentums ist sie zurückgetreten zugunsten der Vorstellung, dass Umkehr individuell und unvertretbar in der je eigenen Person geschieht. Allenfalls im überschaubaren Rahmen einer Gemeinde, die gesellschaftlich gesehen immer eine Minderheit war, konnte man an eine real zu vollziehende gemeinschaftliche Umkehr denken.[141] Dass aber etwa die Bevölkerung eines der christlichen Reiche der Antike oder des Mittelalters sich gemeinschaftlich besonnen und sich zu einem für alle verbindlichen Leben in Gerechtigkeit entschlossen hätte, wird nirgends berichtet. Dennoch gibt es sowohl an bestimmten Stellen der Geschichte des Christentums als auch außerhalb ihrer gelegentlich die Vorstellung eines eine Gemeinschaft repräsentierenden „Wir", das Träger eines Schuldbekenntnisses ist und Ansatzpunkt einer Umkehr werden will, etwa in der *Stuttgarter Schulderklärung* der Evangelischen Kirche Deutschlands vom 18./19. Oktober 1945.

Heute wäre eine gemeinschaftliche Umkehr vielleicht im Rahmen einer überschaubaren Gemeinschaft oder Gesellschaft denkbar, in der die für die Idee einer Umkehr entscheidenden Vorstellungen von allen Mitgliedern geteilt werden. Das müssten nicht zwingend christliche Vorstellungen sein. Erforderlich wäre aber ein Bewusstsein aller, dass es überhaupt Schuld und Sünde gibt, ein konkretes Bewusstsein der jeweils Einzelnen von ihrer jeweils besonderen Schuld und den jeweiligen Handlungen, die dazu geführt haben, ebenso wie die Überzeugung, dass Schuld erlassen und Sünde vergeben werden kann und ein Neuanfang möglich ist.

Treffen diese Überlegungen zu, ist die Menschheit im Großen und Ganzen in unserer Zeit von einer gemeinschaftlichen Umkehr weit entfernt – schon weil sie in ihrer Heterogenität mehrheitlich nicht einmal eine Sprache, geschweige denn ein Bewusstsein von einer gemeinschaftlich zu tragenden und zu verantwortenden Schuld hat oder entwickeln kann. Säkular gesprochen: Dass sich eine gemeinschaftliche ökologische Umkehr, wie sie Laudato si' fordert, unter Beteiligung aller oder auch nur der meisten Menschen auf der Erde ereignen könnte, ist nahezu undenkbar.

9.3 Lohnt sich Gerechtigkeit?

Zu warnen ist vor einer Vorstellung, die die bisher angeführten biblischen Texte nahelegen könnten: Dass man die Bibel, als Ganzes genommen, als Beleg für die These heranziehen kann, soziale Ungerechtigkeit und übermäßiger Naturverbrauch müssten die heutige Menschheit notwendig zu einem elenden Leben oder gar zum Untergang bestimmen, während eine gemeinschaftliche ökologische Umkehr, d.h. die Verwirklichung von Gerechtigkeit und ein nachhaltiger Umgang mit Ressourcen und Umwelt, zuverlässig dazu führen würde, dass das Klima ins Gleichgewicht zurückkehren, die Wasservorräte aufgefüllt und die Böden der Erde den über acht Milliarden Menschen in ausreichendem Maße alles bieten würden, dessen sie bedürften.

Das Problem einer solchen Sicht ist, dass sie der Bibel insgesamt die Behauptung eines kausalen Zusammenhangs zwischen menschlichem Wohlverhalten und göttlichem Segen (oder wenigstens göttlichem Strafverzicht) einerseits bzw. zwischen menschlichem Fehlverhalten und göttlicher Strafe andererseits unterstellt. Für das Leben zwischen Geburt und Tod trifft diese Unterstellung nicht zu. Auch für die Ansicht, dem Menschen würde im Leben hier auf der Erde Leiden erspart, wenn er von der Sünde abließe, finden sich zwar biblische Belege, aber es gibt auch Belege für das Gegenteil.[142] Ein gottgewollter Determinismus zwischen menschlichem Fehlverhalten und folgender Strafe bzw. menschlichem Wohlverhalten und folgender Belohnung lässt sich allenfalls aus einzelnen Passagen, nicht aber aus der Bibel insgesamt herleiten. Denn auch andere Erfahrungen werden berichtet: Dass die Gerechten leiden, während es den Ungerechten gutgeht. So klagt der Prediger Salomo: „Da sind Gerechte, denen es nach dem Tun der Ungerechten ergeht, und da sind Ungerechte, denen es nach dem Tun der Gerechten ergeht."[143]

Im Buch Hiob ist es eine der Leitfragen: Wie ist es möglich, dass Gerechte schuldlos leiden, sogar in einer Weise, die sie an der Liebe und Fürsorge Gottes zweifeln lässt? Im außerbiblischen Kontext gibt es dazu in der Philosophie eine Parallele. In seinem Dialog „Politeia" lässt Platon einen der Sprecher den Gedanken äußern, dass es keineswegs lohnend sei, in Wahrheit ein Gerechter zu sein: „Die, welche die Ungerechtigkeit vor der Gerechtigkeit loben [...], sagen aber so, dass der [...] Gerechte wird gefesselt, gegeißelt, gefoltert, geblendet werden an beiden Augen, und zuletzt, nachdem er alles mögliche Übel erduldet, wird er noch aufgeknüpft werden [...]."[144] Wenn Jesus von Nazareth lehrt, dass diejenigen *selig* sind, die *um der Gerechtigkeit willen verfolgt werden*, scheint auch er davon auszugehen, dass in dieser Welt Gerechtigkeit statt Wohlergehen und Annehmlichkeit eher Verfolgung bewirkt. Überdies macht Jesus deutlich, dass für ihn das Eintreten außergewöhnlicher Unglücksfälle nicht kausal auf Sünde und besondere Schlechtigkeit zurückzuführen ist: „Zur gleichen Zeit kamen einige Leute und berichteten Jesus von den Galiläern, deren Blut Pilatus mit dem ihrer Opfertiere vermischt hatte. Und er antwortete ihnen: Meint ihr, dass diese

Galiläer größere Sünder waren als alle anderen Galiläer, weil das mit ihnen geschehen ist? Nein, sage ich euch, vielmehr werdet ihr alle genauso umkommen, wenn ihr nicht umkehrt. Oder jene achtzehn Menschen, die beim Einsturz des Turms am Schiloach erschlagen wurden – meint ihr, dass sie größere Schuld auf sich geladen hatten als alle anderen Einwohner von Jerusalem? Nein, sage ich euch, vielmehr werdet ihr alle ebenso umkommen, wenn ihr nicht umkehrt."[145]

Alle Menschen werden, so Jesus, *ebenso umkommen* wie diejenigen, die der Willkür des römischen Statthalters Pilatus zum Opfer fielen, oder wie diejenigen, die den Einsturz des Turmes von Schiloach nicht überlebten – *wenn ihr nicht umkehrt!* Heißt das: *Wenn* ihr jedoch umkehrt, wird euch ein Schicksal von der Art erspart, wie es geschieht, wenn man von den Soldaten einer Besatzungsmacht erschlagen wird oder bei einem Unfall zu Tode kommt? Das ist sicher *nicht* das, was Jesus meint. Auch ein Mensch, der die Umkehr innerlich vollzogen hat, kann durch die Gewalt und Ungerechtigkeit seitens anderer Menschen leiden, aber auch durch Krankheit, durch Unfälle oder Naturgewalten. Und am Ende sterben nicht nur die Ungerechten, sondern auch die Gerechten – und diesen kann es sogar geschehen, dass, wie es Jesus selbst erging, ihr Leben am Kreuz, d.h. mit einem schmerzlichen und schmachvollen Tod, endet. Der Rabbi Jesus aus Nazareth kannte die dem Prediger Salomo zugeschriebenen Worte aus der hebräischen Bibel: „Denn es geht dem Menschen wie dem Vieh: Wie dies stirbt, so stirbt auch er, und sie haben alle einen Odem, und der Mensch hat nichts voraus vor dem Vieh; denn es ist alles eitel. Es fährt alles an einen Ort. Es ist alles aus Staub geworden und wird wieder zu Staub."[146] Warum sagt Jesus dann anlässlich des Einsturzes des Turms von Schiloach und des von Pilatus befohlenen Massakers „wenn ihr nicht umkehrt", so als ob Umkehr etwas daran ändern könnte, dass ein imperiales Regime wie die Herrschaft der Römer in Palästina Massaker auslöst oder dass schadhaftes Mauerwerk durch seinen Einsturz Menschen in den Tod reißt? Seine Botschaft ist keineswegs, dass die Sünde kausal zerstörerische oder todbringende Ereignisse auslöst, die ausbleiben würden, wenn die Sünder die Umkehr vollzogen hätten. Was aber die Sünde solchen Schicksalsfällen hinzufügt, ist, dass sie für Menschen, die nichts Höheres kennen als den eigenen Nutzen, das eigene Wohlbefinden und den eigenen Vorteil, völlig *sinnlos* erscheinen müssen. Sünde führt dazu, dass mit der anscheinenden Sinnlosigkeit von Untergang und Tod das ganze Leben derer, die Untergang und Tod unterworfen sind, seines Sinns beraubt erscheint. „Denn der Lohn der Sünde ist der Tod."[147] Die Nachricht von einer besonderen, außergewöhnlichen Katastrophe schreckt die Menschen, die in der Sünde befangen sind, deswegen auf, weil sie für einen

Moment an das erinnert werden, was sie ansonsten nicht wahrhaben wollen, nämlich dass auch „die Zeit des gewöhnlichen, glücklich ablaufenden Lebens"[148] im Tod mündet, der über dieses Leben das letzte Wort behält, ohne dass Einspruch möglich wäre.

Die Umkehr dagegen *verwandelt*, was geschehen ist und geschieht, wie auch immer es dem säkularen, nicht vom Glauben angeleiteten Blick erscheinen mag. Sie stellt eine Öffnung in den Raum des ewigen Lebens dar, in einen Raum, über den sich zwar positiv nichts sagen lässt, von dem aber gewiss ist, dass er, in der Sprache des Buddhismus, frei ist von Geburt und Tod. Diese Verwandlung *kann* zwar durchaus bewirken, dass für die Zukunft schon in diesem Leben Schlimmes abgewendet wird und stattdessen Anderes geschieht, etwa, weil die Umkehr den Blick frei machen kann für neue, zuvor nicht wahrgenommene reale Handlungs- und Lebensmöglichkeiten, sie kann aber ebenso gut ein freies Ja beinhalten, ein Ja, das bewirkt, dass in dem anscheinend Unvermeidlichen und Sinnlosen Sinn erfahren und in seinen Zwangsläufigkeiten Freiheit entdeckt wird.

So war Jesus von Nazareth für die Seinen der *treue Zeuge*[149] dafür, dass Tod und Untergang des Gerechten den Weg zur Auferstehung und zum Beginn einer neuen Schöpfung markieren. Jesus von Nazareth erleidet den grausamen Tod am Kreuz, obwohl er wahrhaft ein Gerechter ist. Genauer gesagt: *Weil* er ein Gerechter ist, steht er mit der Annahme dieses Todes für ein freies Ja zu dem ein, was ihm von Seiten der jüdischen Hierarchie und der römischen Besatzungsmacht angetan wird – nicht weil er die Ungerechtigkeit der Herrschenden gutheißt, sondern weil er seine Freiheit noch in der größten Ungerechtigkeit bewährt. Für das 20. Jahrhundert kann man als Zeugen für eine solche Haltung etwa Etty Hillesum (1914–1943) oder Dietrich Bonhoeffer (1906–1945) anführen.

Für unsere Fragestellung können wir festhalten: Aus biblischer Sicht kann man weder aus dem Ausbleiben einer ökologischen Umkehr schließen, dass die aktuell drohenden Katastrophen mit Notwendigkeit eintreten, noch gibt es irgendeine Sicherheit dafür, dass eine allgemeine ökologische Umkehr solche Katastrophen abwenden würde. Wenn die Enzyklika anlässlich der Diskussion über eine nachhaltige Entwicklung mahnt, dass man „sogar umkehrt, bevor es zu spät ist"[150], so könnte man Laudato si' an dieser Stelle entnehmen, dass die Menschen umkehren sollen, *damit* eine nachhaltige Entwicklung möglich wird. Das würde gewissermaßen auf eine Funktionalisierung der Idee der Umkehr hinauslaufen, es wäre ein Plädoyer für eine ökologische Umkehr im Sinne der moralisierenden Nachhaltigkeitsdebatte. In der Bibel jedoch hat die Umkehr ihren Wert in sich, unabhängig von ihren Wirkungen auf die Fortdauer des menschlichen Lebens. Das schließt nicht aus, dass, würden sehr viele Menschen ihre Gewohnheiten und ihr Konsumverhalten im Hinblick auf den Naturverbrauch grundlegend ändern, messbare Folgen für den ökologischen Fußabdruck der Menschheit eintreten. Er wäre kleiner, die Überforderung der natürlichen Lebensgrundlagen wäre geringer, und das würde sich langfristig positiv für Natur und Mensch auswirken. So sehr dies zu wünschen wäre, so wenig wahrscheinlich ist, dass es dazu kommt, jedenfalls kurz- und mittelfristig gesehen.

Eine ökologische Umkehr mit dem einzigen Ziel, dadurch die Lebensgrundlagen der Menschheit langfristig zu sichern, würde nicht dem Gehalt der Idee der Umkehr entsprechen.[151] Dieser Gedanke, der den Intentionen von Laudato si' entspricht, kann deutlicher herausgearbeitet werden, wenn wir uns der Bedeutung der Umkehr im Rahmen der Apokalyptik zuwenden.

10

Zukunftsperspektiven und Apokalyptik

10.1 Zum Begriff der Apokalypse

Wenn Wissenschaftler und Umweltaktivisten in unserer Zeit Szenarien ausmalen, die sie mit dem Prädikat *apokalyptisch* versehen, bieten sie grelle Bilder von Elend, Katastrophen, Zerstörung und Untergang. Damit wollen sie die Trägen zum Handeln aufrütteln, werden aber bei den Hektischen Aktionismus und bei den Ängstlichen Schrecken und Panik heraufbeschwören. Mit dem Ausdruck *apokalyptisch* werden solche Szenarien bewusst oder unbewusst in Beziehung zur biblischen Überlieferung gestellt. Worum es in der biblischen Apokalyptik geht, zeigt sich insbesondere in Passagen der Bücher Jesaja und Jeremia, ausführlich im Buch Daniel, an verschiedenen Stellen der vier Evangelien und dann vor allem im letzten Buch des Neuen Testamentes, der „Offenbarung des Johannes". Deren Text hebt im griechischen Original mit dem Wort *Apokalypse* an.[152] Schon durch das Einleitungswort *Apokalypse,* zumeist mit *Offenbarung* übersetzt, kann dieses Buch paradigmatisch für die gesamte Apokalyptik stehen. „Apokalypse [...] ist eine thematisch bestimmte Gattung der religiösen Literatur, die ‚Gottes Gericht', ‚Weltuntergang', ‚Zeitenwende' und die ‚Enthüllung göttlichen Wissens' in den Mittelpunkt stellt. In prophetisch-visionärer Sprache berichtet eine Apokalypse vom katastrophalen ‚Ende der Geschichte' und vom Kommen und Sein des ‚Reichs Gottes'. [...] Der Begriff *Apokalyptik* bezeichnet den gesamten Vorstellungskomplex, der in den Apokalypsen zum Ausdruck kommt. Der theologische Fachterminus für prophetische und apokalyptische Zukunftserwartungen ist *Eschatologie.* Apokalypsen reagieren oft auf konkrete

R. Manstetten und M. Faber, *Ist die Welt noch zu retten?*,
https://doi.org/10.1007/978-3-662-71819-3_10

historische Ereignisse. Sie schildern radikale innerweltliche Veränderungen in Metaphern des Weltuntergangs oder deuten sie geistlich, indem sie sich auf eine endzeitliche Äonenwende und das göttliche Endgericht beziehen. Dazu verwenden sie eine metaphorische und mythische Sprache: Historische Nationen, Personen und Ereignisse werden als Symbole und Bildmotive – häufig als „Tiere" – beschrieben. Oft erscheinen Engel als Offenbarer der Zukunft oder Deuter der Zukunftsvisionen. So ist ihre Enthüllung eng mit einer Engellehre (Angelologie) verbunden. Apokalypsen sind also theologische Geschichtsdeutungen, die die kommende Geschichte aus der vergangenen und die vergangene von der zukünftigen her zu interpretieren suchen und so ein umfassendes Bild vom Weltlauf entwerfen."[153]

In fast allen apokalyptischen Texten geht es um das Heil, das am Ende alle Geschichte und sogar die Zeit selbst abschließt. Von diesem Heil spricht die „Offenbarung des Johannes" in Bildern wie den folgenden: „Und ich hörte eine große Stimme von dem Thron her, die sprach: Siehe da, die Hütte Gottes bei den Menschen! Und er wird bei ihnen wohnen, und sie werden seine Völker sein, und er selbst, Gott mit ihnen, wird ihr Gott sein; und Gott wird abwischen alle Tränen von ihren Augen, und der Tod wird nicht mehr sein, noch Leid noch Geschrei noch Schmerz wird mehr sein; denn das Erste ist vergangen. Und der auf dem Thron saß, sprach: Siehe, ich mache alles neu!"[154]

Jedoch erscheint die Geschichte der Menschheit zuvor, bevor das Heil Gegenwart geworden ist, gerade in den Phasen ihres Endstadiums als Unheilsgeschichte. Beispielhaft dafür möge der folgende kurze Auszug aus der „Offenbarung des Johannes" stehen: „Und ich sah: Als es [das Lamm, d.i. Christus] das sechste Siegel auftat, da geschah ein großes Erdbeben, und die Sonne wurde schwarz wie ein härener Sack, und der ganze Mond wurde wie Blut, und die Sterne des Himmels fielen auf die Erde, wie ein Feigenbaum seine Feigen abwirft, wenn er von starkem Wind bewegt wird. Und der Himmel wich wie eine Schriftrolle, die zusammengerollt wird, und alle Berge und Inseln wurden wegbewegt von ihren Orten. Und die Könige auf Erden und die Großen und die Obersten und die Reichen und die Gewaltigen und alle Sklaven und alle Freien verbargen sich in den Klüften und Felsen der Berge und sprachen zu den Bergen und Felsen: Fallt über uns und verbergt uns vor dem Angesicht dessen, der auf dem Thron sitzt, und vor dem Zorn des Lammes! Denn es ist gekommen der große Tag ihres Zorns und wer kann bestehen?"[155]

Die Abläufe, von denen die apokalyptischen Schriften berichten, lassen sich durch menschliches Tun nicht steuern. Dass sie allerdings überhaupt in Gang gesetzt wurden, führen manche dieser Texte auf vergangenes Tun von

Bösem zurück: Beim Propheten Jesaja heißt es: „Siehe, der HERR macht die Erde leer und wüst und wirft um, was auf ihr ist, und zerstreut ihre Bewohner. Und es geht dem Priester wie dem Volk, dem Herrn wie dem Knecht, der Herrin wie der Magd, dem Verkäufer wie dem Käufer, dem Verleiher wie dem Borger, dem Gläubiger wie dem Schuldner. Die Erde wird leer und beraubt sein; denn der HERR hat solches geredet. Die Erde ist verdorrt und verwelkt, der Erdkreis ist verschmachtet und verwelkt, die Höchsten des Volks auf Erden verschmachten. Die Erde ist entweiht von ihren Bewohnern; denn sie haben die Gesetze übertreten, das Gebot missachtet und den ewigen Bund gebrochen. Darum frisst der Fluch die Erde, und verschuldet haben es, die darauf wohnen. Darum nehmen die Bewohner der Erde ab, sodass wenig Leute übrig bleiben."[156]

Aber auch wenn es die Menschen *verschuldet* haben, scheint sich das Unheil, dem sie selbst – und dann auch ihre Kinder und Enkel, die doch nichts dafürkönnen – unterworfen sind, gegenüber aller individuellen und sozialen Schuld, die aus der Vergangenheit stammt, zu verselbstständigen. Gerechte und Ungerechte sind ihm gleichermaßen ausgeliefert. Das schreckliche Geschehen, hat es einmal seinen Lauf genommen, kann nicht mehr durch noch so gutes und gerechtes Handeln Einzelner aufgehalten werden. Wie bedrängend eine solche Situation selbst für diejenigen ist, die um das Gute bemüht sind, wird aus einer Äußerung des Jesus von Nazareth deutlich: „Und wenn jene Tage nicht verkürzt würden, so würde kein Mensch gerettet werden; aber um der Auserwählten willen werden diese Tage verkürzt."[157] Der Trost Jesu, dass die schlimme Zeit *verkürzt* wird, besagt doch zugleich, dass diese schlimme Zeit *kommen* wird und dass keiner, der dann unter den Lebenden ist, auch der Gerechte nicht, ihr *entgehen wird.*

Man muss indes im Umgang mit derartigen Texten vorsichtig sein. Ihre Botschaft ist keineswegs eindeutig und klar, sondern von ihrer ganzen Anlage her verrätselt. Die Apokalyptik, eine innerhalb der Abfassungszeit der Hebräischen Bibel vergleichsweise spät entstandene Gattung, darf keineswegs unter dem Anspruch wahrgenommen werden, darin so etwas wie *die* Zeit- und Geschichtsauffassung der Bibel schlechthin zu finden. Denn dafür sind die Texte selbst zu verschlüsselt, die unterschiedlichen Schriftgattungen und Schriften innerhalb der Hebräischen Bibel zu heterogen und die theologischen Unterschiede zwischen Hebräischer Bibel und Neuem Testament zu groß. Insofern ist es verständlich, dass Laudato si', soweit sich die Enzyklika auf die Bibel bezieht, die Apokalyptik gänzlich ausblendet. Überdies könnten apokalyptische Visionen aufgrund ihres bedrohlichen Charakters auf die *Menschen guten Willens,* denen Laudato si' Hoffnung vermitteln und Mut zum Handeln machen möchte, durchaus lähmend wirken. Dennoch ist der Verzicht der Enzyklika auf die Perspektive der Apokalyptik nicht unproblematisch. Denn ein apokalyptischer Unterton lässt sich aus ihr hinter manchen etwas gewollt hoffnungsvoll klingenden Passagen durchaus heraushören.

10.2 Bibel, Apokalypse und Nachhaltigkeit

Uns scheint es an der Zeit, die biblische Perspektive der Apokalyptik, statt sie zu verschweigen oder sie zu umgehen, gerade in Bezug auf Fragen der Nachhaltigkeit ernst zu nehmen. Apokalyptik ist dem äußeren Anschein nach religiös getönte Katastrophenliteratur, die auf Aussichten für die nähere oder fernere Zukunft verweist. Dieser Anschein hat bewirkt, dass in der Umgangssprache die schlimmsten Aussichten auf etwas, was kommt oder kommen könnte, als *apokalyptisch* bezeichnet werden. Angesichts von Ereignissen, denen man apokalyptische Ausmaße zuschreibt, sind die Möglichkeiten von Technik, Wirtschaft und Politik ausgereizt, und so bleibt, wie es scheint, gegenüber dem Unvermeidlichen nur Fatalismus, Resignation oder Verzweiflung. Im Gegenzug dazu erscheint es als *die* Aufgabe unserer Zeit, alles Erdenkliche zu unternehmen, damit diese *apokalyptischen Aussichten* nicht Wirklichkeit werden.

Biblische Apokalypsen haben nur wenig mit diesem Verständnis gemein bis auf eines: Alle apokalyptischen Texte stimmen darin überein, dass die bevorstehenden Geschehnisse, von denen sie berichten, dem Zugriff menschlicher Macht und dem Einfluss menschlicher Handlungen entzogen sind. Angesichts solcher Zukunftsperspektiven könnte schon der bloße Gedanke, eine erfolgreiche Politik der Nachhaltigkeit sei möglich, obsolet erscheinen.

Indes wäre es verfehlt, einen Text wie die „Offenbarung des Johannes", der den Abschluss des Neuen Testaments bildet, im Sinne der Prognose von Ereignissen zu lesen, die zu bestimmten Zeitpunkten eintreten werden. Die Wahrheit eines apokalyptischen Textes besteht nicht darin, dass, was er vorhersagt, irgendwann einmal als Tatsache in der Welt sein wird, und erst recht wird er nicht dadurch widerlegt, dass die Ereignisse, von denen die Rede ist, nicht stattfinden, oder Termine, wie man sie aus seiner verschlüsselten Zahlensymbolik herausrechnet, nicht eingehalten werden. Apokalyptische Texte wollen in zeichenhafter Form die Menschen auf etwas, das zukünftig kommen *kann* oder schon als Gegenwart erlebt wird, so einstimmen, dass sie gerade *nicht* auf die Schreckbilder starren, die vorgestellt werden, sondern sich von dem Schrecken, der ohnehin da ist, lösen. Denn sie sollen sich darauf besinnen, dass sie – mit Gottes Hilfe – das Schreckliche bestehen, ja, besser gesagt, es vertrauensvoll annehmen können als Geburtswehen eines neuen Lebens.[158] Denn in der Apokalyptik wird die gesamte Geschichte, die noch kommt, von ihrem Ende her betrachtet, und alles Geschehen *vor* diesem Ende muss im Licht des Ausgangs gesehen werden, der ein guter und heilsamer Ausgang ist. Das Ende der Geschichte sind nicht die Katastrophen der Endzeit und das Weltgericht, das sie abschließt, sondern die *neue Schöpfung*, in *der der Tod nicht mehr sein wird* und *alle Tränen abgewischt werden*.[159] Es ist das Gegenbild zur säkularen Welt, in der alles Leben unwiderruflich zum Tod führt und darüber hinaus nichts ist.

10.3 Die Botschaft der Apokalypsen: Es ist Zeit für Umkehr

Wozu dann aber die Schreckbilder der Bibel für die Zeit vor dem guten Ausgang, wenn es nicht darum geht, Angst, Panik und Verzweiflung hervorzurufen? Die Antwort lautet: Deswegen, weil immer wieder, an verschiedenen Orten der Welt zu unterschiedlichen Zeiten, Schreckliches von – im alltagssprachlichen Sinn – apokalyptischen Ausmaßen geschehen ist, geschieht und geschehen wird. Was die Texte dem hinzufügen, ist einzig dies, dass sie es zur Sprache bringen, so wie sie es vermögen. Als Albrecht Dürer 1498 sein Bildwerk *Die heimlich offenbarung iohannis*, lateinisch *Apocalipsis cum figuris*, veröffentlichte, erkannten die Zeitgenossen in den symbolisch hinweisenden Holzschnitten ihre eigenen Ängste, aber auch reale Erfahrungen wieder, sei es, dass sie selbst Furchtbares erlebt hatten, sei es, dass es ihnen aus Erzählungen und Chroniken bekannt war. Während der Großen Pest (1346–1353), während des Dreißigjährigen Krieges (1618–1648), während zweier Weltkriege, während der Shoah – um nur aus europäischer Perspektive Beispiele anzuführen – mussten viele Menschen Schrecken von apokalyptischen Ausmaßen am eigenen Leib erleben. Wer näher in die Geschichte eintaucht, wird zahllose weitere Beispiele in aller Welt zu allen Zeiten finden. Die Schriften, die auf solche Ereignisse hindeuten, wollen mitten in Angst, Not und Verzweiflung die Menschen ermahnen, dennoch standzuhalten, und sie ermuntern, auch und gerade inmitten des Schrecklichen Möglichkeiten zum Neuanfang zu entdecken.[160] Stets neu verbirgt sich in jeder Gegenwart, wie entsetzlich sie auch anmuten mag, aus biblischer Sicht der *Kairos*, d.h. die rechte Zeit für die Umkehr (siehe auch die Ausführungen zu *Kairos* oben in Kapitel 8). Gemäß der christlichen Botschaft ist der Neuanfang als Potenzial immer wieder neu präsent. Er hat sich, so der Kern christlicher Lehre, als das, was er ist, bereits mitten in der leidvollen Geschichte vollständig ohne Rest offenbart in der Person des Jesus von Nazareth.[161] Und als „Christus in mir"[162] – so nennt es der Apostel Paulus – ist dieser Neuanfang potenziell in jedem Menschen angelegt.

Die Schrecken, die im Laufe der Menschheitsgeschichte die Menschen heimgesucht haben und immer wieder heimsuchen, sind real. Man braucht keine Heiligen Texte, um sie wahrzunehmen. Biblische Apokalyptik will keineswegs zusätzliche Aufmerksamkeit auf das lenken, was auch ohne ihre Worte immer wieder geschieht. Vielmehr ist sie eine besondere Art, ihre Leser oder Hörer auf die Umkehr einzustimmen. Dazu gehört die Botschaft, dass alle Schrecken vorläufig sind, Leid, Elend, Grauen, Tod und Vernichtung haben nicht das letzte Wort. Aharon Agus, ein Kommentator aus der Tradition des Judentums, bemerkt dazu: „Die Apokalyptik bildet selbst die Offenbarung des Neuanfangs, das Neugeborenwerden in einem Moment totaler Vernichtung, in welchem die Negation der Vergangenheit und der bisherigen Zukunft die Perspektive von Möglichkeit erst freilegt."[163] Dieser Kommentator verschweigt nicht die Dimension des Schreckens, die er mit dem Ausdruck *Moment totaler Vernichtung* deutlich hervorhebt. Aber in dieser Vernichtung erfährt er eine *Negation der Vergangenheit und der bisherigen Zukunft*. Das ist es, was Umkehr ausmacht, wenn man den entscheidenden Punkt hinzufügt: *die Perspektive von Möglichkeit.* Mit dem Glauben, der Basis aller Umkehr, kommt ein Aspekt ins Spiel, der vor allem im Neuen Testament zentral ist. Einem Vater, der angesichts des völlig unkontrollierbaren Verhaltens seines epileptischen Sohnes ratlos ist und der niemand Anderen findet, der ihm zu helfen weiß, spricht Jesus zu: „Alle Dinge sind möglich dem, der da glaubt."[164]

Wenn also die Schrecken nach Art derer Tatsache werden, von denen apokalyptische Texte sprechen, ist keineswegs alles verloren, denn es bleibt gemäß diesem Wort Jesu die *Allmöglichkeit*, oder mehr noch: Der Glaube schafft im Innern des Menschen Raum für diese *Allmöglichkeit* und schafft zuweilen, wenn es die Verhältnisse erlauben, auch in der Außenwelt Raum für Kreativität, für das Wirklichwerden ungeahnter Möglichkeiten, die anders sind, auch inmitten des Schrecklichen, des scheinbar Ausweglosen. Für unsere Zeit würde demgemäß gelten: Wenn die Menschheit sich insgesamt bis zum gegenwärtigen Zeitpunkt nicht zu einer gemeinschaftlichen ökologischen Umkehr durchringen konnte, ist deshalb keineswegs alles verloren. Wenn der Meeresspiegel steigt, große Küstenstädte versinken, wenn Anbauzonen sich verschieben, Wüsten an die Stelle von Fruchtland treten, Migrationsbewegungen größten Ausmaßes ausgelöst werden, Bürgerkriege und

Kriege aufflammen, ist keineswegs alles verloren. Wenn alle Anstrengungen gescheitert sind, die Welt durch entschlossene Nachhaltigkeitspolitik zu retten, ist keineswegs alles verloren. Es bleibt immer die Möglichkeit für Neues, Unerwartetes. Dass allerdings dies Neue und Unerwartete aus einer allumfassenden Liebe entspringt und letztlich ganz und gar heilend wirkt, das anzunehmen vermag nur der Glaube.

Es dürfte deutlich geworden sein, dass eine apokalyptische Sicht der Idee der Umkehr keineswegs zuwiderläuft, im Gegenteil: In dieser Sicht erscheint jeder gegenwärtige Augenblick neu als vielleicht „letzte Gelegenheit, sich zu jener Haltung zu rüsten, die für die Prüfungen und fast übermenschlichen Leiden der Endzeit, für den Ansturm der Hölle und aller ihrer Gewalten notwendig ist. Noch ist der Kampf auch für die Schwachen, Lauen und Halben nicht verloren, wenn sie die echte Metanoia vollziehen.“[165]

Die Apokalyptik deutet die Welt von ihrem bevorstehenden Ende her, aber sie schweigt über den Zeitpunkt des Endes. Es kann morgen, es kann in der nächsten Zeit, es kann nach Jahrzehnten, Jahrhunderten oder Jahrtausenden eintreten oder auch, wie die Wissenschaft behauptet, spätestens dann, wenn die Sonne sich so weit aufgebläht hat, dass ihre Hitze alles Leben auf der Erde unmöglich macht. Dasselbe gilt für die apokalyptischen Ereignisse, die dem Ende vorausgehen: Leben wir inmitten solcher Ereignisse? Haben die meisten von ihnen längst stattgefunden? Haben wir das Schlimmste als Menschheit noch vor uns? Wir wissen es nicht, wir können es nicht wissen, und auch wenn wir die Zeichen der Zeit besser verstünden, könnten wir es nicht wissen. Wissen können wir, aus biblischer Sicht, nur dies: Zeit für die Umkehr war nicht gestern und wird nicht morgen sein, Zeit für die Umkehr ist nur jetzt.

10.4 Verantwortung für Natur und Mensch im Geist der Gerechtigkeit

Was aber bedeutet das hinsichtlich der Verantwortung für die Natur und für die benachteiligten Menschen, was bedeutet das hinsichtlich der Forderung, zukünftige Generationen zu berücksichtigen? Eine oberflächliche Lektüre apokalyptischer Texte könnte zu der Ansicht verleiten, man könne sowieso nichts tun: Wozu sich bemühen, irgendeinen Übelstand auf der Welt abzustellen, wenn die angekündigten großen Schrecken unvermeidlich eintreten werden? Diese Ansicht kann sich jedoch nicht halten, wenn Umkehr wahrhaft geschieht. Denn Umkehr beginnt zwar im Innersten, drängt aber danach, sich im Äußeren durch Taten zu manifestieren. Derartige Manifestationen aber werden angeleitet vom *Geist der Gerechtigkeit*. Denn wer Umkehr erfahren hat, kann nicht gleichgültig bleiben gegenüber bestehender Ungerechtigkeit, sondern wird sich sogar in ausweglos erscheinenden Umständen nach Kräften bemühen, in den Beziehungen zwischen den Menschen untereinander und zwischen Menschen und Mitgeschöpfen Gerechtigkeit herzustellen.

Allerdings machen apokalyptische Texte klar, dass Menschen zwar Samen der Gerechtigkeit empfangen und ihr Keimen fördern können, dass aber das Gedeihen oder auch Nicht-Gedeihen nicht in ihrer Hand liegt.[166] Was Menschen tun können und wo die Grenzen ihrer Leistung liegen, hat Paulus im ersten Brief anlässlich der Gründung der christlichen Gemeinde in Korinth formuliert: „Ich habe gepflanzt, Apollos hat begossen; aber Gott hat das Gedeihen gegeben."[167] Den Boden bereiten für eine Gemeinschaft, die aus der Umkehr geboren ist, pflanzen und begießen – das war das, was die Menschen Paulus und Apollos vermochten. Ob aber, was gepflanzt und gewässert wurde, zu seiner Zeit hervorbrechen, sichtbar aufgehen und Bestand haben würde, das überließen sie Gott. Mit anderen Worten: Sie wussten und akzeptierten, dass sie über die Entwicklung dessen, was sie begonnen hatten, keine Kontrolle hatten. Ob das Begonnene nachhaltig sein würde, wussten sie nicht. Aber sie hatten das Vertrauen, dass ihr Handeln nicht umsonst sein würde, denn, so hofften sie, Gott würde ergänzen, was ihre eigenen Möglichkeiten überstieg. Und weder Paulus noch Apollos ließen sich – trotz der Möglichkeit, dass alles, was sie aufbauten, wie von einem apokalyptischen Sturm weggefegt werden konnte, weil das Ende der Welt nah sein mochte –, keineswegs davon abbringen, neue Gemeinden zu gründen und auf ihr gutes Gedeihen in der verbleibenden Zeit zu hoffen. Und so rätPaulus, dass man gerade in schwierigen Zeiten jede Gelegenheit nutzen muss, um zu tun, was ansteht. Besonders dann, wenn die Umstände so sind, dass man von einer *bösen Zeit* reden kann, mahnt er: „Kauft die Zeit aus [im griechischen Original: den *Kairos*], denn die Tage sind böse."[168]

11

Nachhaltigkeit und Spiritualität

Es wurde gesagt, dass Laudato si' das Anliegen, die Welt zu retten, mit säkularen Modellen der Nachhaltigkeit teilt, dass aber unter der Rettung der Welt sehr Verschiedenes verstanden wird. Wir wollen im Folgenden, ausgehend vom Säkularen, Schritt für Schritt mögliche Verbindungen und Übergänge zwischen beiden Seiten, der Nachhaltigkeit und der Spiritualität, darstellen.

Dass es eine in der Öffentlichkeit deutlich wahrnehmbare Bewegung gibt, die sich als *Letzte Generation* bezeichnet, sollte zu denken geben. Der Name, buchstäblich genommen, verweist auf das Feld des Apokalyptischen: Nach der *Letzten Generation* wird es keine Generation mehr geben, die Menschheit ist an ihr Ende gelangt, so scheint die mit diesem Namen verkündete Botschaft zu lauten. Von der Bibel her gedacht wäre es jedoch überheblich, wenn irgendeine Generation sich Wissen darüber anmaßen würde, ob sie die letzte ist oder nicht, denn was das Ende betrifft, lehrt Jesus: „Ihr wisst weder den Tag noch die Stunde."[169] Versteht man den Namen *Letzte Generation* mit etwas Wohlwollen, so mag man ihm die Botschaft des alarmistischen Diskurses der Nachhaltigkeit (Kap. 6) entnehmen: Lasst uns alles tun, damit wir *nicht* die letzte Generation sind. Aber selbst diese Botschaft enthält einen massiven Überdruck. Denn wer die Zeichen der Zeit im Hinblick auf den drohenden Untergang der Menschheit liest, wird dementsprechend auch extreme Maßnahmen fordern, ja, es kann Panik aufkommen, wenn sich innerhalb einer Generation die Furcht, die ihr zugehörigen Menschen könnten die letzten sein, allgemein verbreitet. Gegen Panik, Resignation und Verzweiflung lassen sich in der Bibel Botschaften auch für solche

© Der/die Autor(en), exklusiv lizenziert an Springer-Verlag GmbH, DE, ein Teil von Springer Nature 2025
R. Manstetten und M. Faber, *Ist die Welt noch zu retten?*,
https://doi.org/10.1007/978-3-662-71819-3_11

Menschen finden, die dem Judentum und Christentum fernstehen, die aber aktiv zu einer nachhaltigen Gesellschaft beitragen möchten. Bevor wir uns diesen Botschaften zuwenden, wollen wir noch einmal die Nachhaltigkeitspolitik in den Blick nehmen, wie sie ganz ohne Beziehung auf Religion konzipiert werden muss.

11.1 Säkulare Nachhaltigkeitspolitik

Wie bereits gesagt wurde, muss jede konkrete Nachhaltigkeitspolitik in der Begründung ihrer Entscheidungen streng säkular angelegt sein. Auf der Basis von wissenschaftlicher Forschung sowie von Erfahrung im Umgang mit politischen und gesellschaftlichen Prozessen müssen alle Maßnahmen vernünftig nachvollziehbar sein. Für die Einstellung von Personen, die sich für Nachhaltigkeit und Gerechtigkeit einsetzen, muss man dasjenige geltend machen, was Immanuel Kant von einem Menschen verlangt, der über andere Menschen zu herrschen legitimiert wäre: Er oder sie „soll […] gerecht *für sich selbst*, und doch ein *Mensch* sein".[170] Daraus ergeben sich zwei Forderungen, die gleichzeitig zu erfüllen allerdings nicht einfach ist:

Engagiert man sich für eine nachhaltige Entwicklung, muss man erstens den normalen Egoismus der Menschen – in den anderen Menschen und in sich selbst – berücksichtigen und zugleich zweitens alles dafür tun, dass man sich selbst, soweit man politisch und gesellschaftlich aktiv wird, möglichst weit von diesem Egoismus löst. Wir wollen diese beiden Forderungen nun erläutern.

Was die erste Forderung betrifft, so folgt daraus, wie bereits in Kap. 3 (Abschnitt „Der mittelmäßige Mensch") erläutert wurde: Wer eine bessere Welt will, wer diese Welt retten will, muss zunächst akzeptieren: „Aus so krummem Holze, als woraus der Mensch geschnitzt ist, kann nichts ganz Gerades gezimmert werden."[171] Alle Modelle von Politik, die meinen, den Menschen erst künstlich zurechtbiegen zu müssen, damit er für die anstehenden Transformationen bereit ist, sind gefährlich. Gefährlich sind aber auch Modelle, die die Abgründigkeit des menschlichen Wesens verharmlosen. Zum „Personal" und „Material" für eine bessere Welt gehören die Menschen und Verhältnisse, wie sie nun einmal sind. In günstigen Konstellationen der Umstände können sie verändert werden und sich verändern, manchmal sogar sehr weitgehend, aber wenn man die Nachlässigkeit, die Gier, die Lieblosigkeit, den Neid, die Aggression von Menschen und die seelenlose Starrheit von Strukturen entweder nicht sehen oder aber mit einem Mal ganz abschaffen möchte, wird man nichts Gutes erreichen. Diejenigen, die Verhältnisse grundlegend verändern wollen, müssen das normale menschliche Mittelmaß, die normale menschliche Schlechtigkeit in ihren Maßnahmen mit berücksichtigen – ganz zu schweigen allerdings von wirklich Bösem, das im Vorhinein nie kalkuliert werden kann. *Normal* bedeutet, dass die Menschen sich zwar einigermaßen an Recht und Gesetze halten, aber in diesem Rahmen den eigenen Vorteil, das eigene Wohlergehen und die eigene Annehmlichkeit weitaus höher schätzen als die Belange der Mitmenschen und der Natur. Diese Normalität entspricht einer Einstellung, die in den Wirtschaftswissenschaften mit dem Ausdruck *Homo oeconomicus* beschrieben wird.

Was die zweite Forderung betrifft, gilt es zu bedenken: Wenn auch diejenigen, die aktiv Nachhaltigkeitspolitik gestalten sollen, ausschließlich als Homines oeconomici agieren würden, das heißt, wenn sie in keiner Weise über das menschliche Mittelmaß hinausragen und in ihrem Handeln durchweg die normale Schlechtigkeit des Menschen an den Tag legen würden, könnte es keine wirkliche Nachhaltigkeitspolitik geben. Der Einsatz für Nachhaltigkeit verlangt, dass eine Person dem Streben nach Gerechtigkeit vor ihren privaten Interessen, Wünschen und Sorgen den Vorrang gibt. Mit anderen Worten: Nachhaltigkeit erfordert den *Homo politicus*[172], d.h. eine menschliche Persönlichkeit der Art, dass sie bei allem, was sie für die Gesellschaft oder für die Menschheit ausrichten will, Gerechtigkeit sucht und eigene Belange in dem Maße zurückstellt, als sie dem, was sie als gerecht erkannt hat, nicht entsprechen. *Politisch* ist eine solche Persönlichkeit, wenn sie die Fähigkeit der Urteilskraft besitzt und bereit ist, Verantwortung zu übernehmen.[173] Dazu muss sie sich der öffentlichen Auseinandersetzung stellen und in der Lage sein, konstruktiv mit Kritik umzugehen. Sie muss zwar nach Macht streben, soweit es die Realisierung ihrer Ziele erforderlich macht, aber sie muss ihr Machtstreben derart begrenzen, dass es sich diesen Zielen unterordnet.

11.2 Der Homo politicus. Perspektiven aus der Bibel

Es müssen nicht alle Menschen den Ansprüchen des Homo politicus genügen, damit eine nachhaltig lebende Menschheit global möglich wird, aber alle, die sich aktiv für Nachhaltigkeit einsetzen, müssen in ihrem Einsatz bestimmte Züge des Homo politicus an den Tag legen: Auf den Weg der Nachhaltigkeit zu gelangen, auf ihm zu bleiben und fortzuschreiten, muss ihnen weitaus wichtiger sein als alle Vorteile für und alle Rücksichten auf die eigene Person. Der Homo politicus aber kann, wie wir nun zeigen möchten, durch Perspektiven, die von der Bibel angeregt sind, vernünftige und sinnvolle Orientierungen für sein Handeln gewinnen. Wir möchten sieben Aspekte nennen:

1. *Unwissen.* Wir kennen die Zukunft nicht und wir können sie nicht beherrschen. Während für gläubige Menschen die Zukunft in Gottes Hand liegt, könnte und sollte, wer nicht an Gott glaubt, einsehen, dass es eine Überforderung menschlichen Machens und Tuns wäre, die zukünftige Entwicklung von Natur und Menschheit insgesamt steuern zu wollen. *Unwissen* ist *die Conditio humana* angesichts der Zukunft.[174] Aber gerade diejenigen Akteure, die wissen, wie wenig sie wissen, können das Wissen, das ihnen bleibt, im Rahmen des Menschenmöglichen vermehren und klug einsetzen. Zugleich bleiben sie offen für Neues und können ihr Handeln dementsprechend neu justieren.

2. *Vertrauen.* Angesichts der Trägheit, mit der Gesellschaften sich, wenn überhaupt, in Richtung auf gerechtere Verhältnisse ändern können, und angesichts der keineswegs irrealen Aussichten auf Ereignisse, wie sie in den Apokalypsen der Bibel und den Vorhersagen der Wissenschaften dargestellt werden, besteht für alle, die sich für Nachhaltigkeit einsetzen, die Versuchung, in Lähmung, Resignation und Verzweiflung zu verfallen. Ein sich aus Alarmismus speisender Aktionismus, wie er sich in dem Ausdruck *Letzte Generation* spiegelt, ist nur die andere Seite einer solchen Lähmung. Demgegenüber erinnert die Bibel daran, dass alle, die bereit sind, denkend und handelnd kommende Entwicklungen zu gestalten, des *Vertrauens* bedürfen. Denn sofern wir angesichts unseres Unwissens handeln wollen, können wir dies nur, wenn wir darauf vertrauen, dass unser Bemühen um Gerechtigkeit auch da nicht vergeblich ist, wo wir im Rahmen der Zeit, die wir überblicken, keine Früchte sehen. Dieses Vertrauen ist ein wesentliches Moment dessen, was im 11. Kapitel des Hebräerbriefes *Glaube* genannt wird: „Der Glaube aber ist die Grundlage dessen, was man erhofft, ein Überzeugtsein von Dingen, die man nicht sieht."[175]

3. *Hoffnung.* Der Einsatz für Nachhaltigkeit muss darauf ausgerichtet sein, zu konkreten Erfolgen zu führen. Aber Bestand hat ein solcher Einsatz nur, wenn er nicht vom Erfolg abhängig ist. Es ist eine Haltung der *Hoffnung*, die auf Vertrauen gegründet ist und die die Menschen in die Lage versetzt, mit Misserfolgen umzugehen. Ein gläubiger Mensch vertraut darauf, dass Gottes Hand die Menschen auch dann nicht verlässt, wenn sie mit ihren besten Absichten scheitern. Aber auch jemand, der sich nicht zu einem solchen Glauben entschließen oder ihn nicht in sich finden kann,

kann dennoch offen sein dafür, dass, wie immer eine Situation erscheinen mag, Neues und Gutes möglich ist. Ohne Hoffnung ist jede Nachhaltigkeitspolitik letztlich sinnlos.

4. *Gerechtigkeit.* Zu Beginn von Kap. 6 haben wir darauf hingewiesen, dass *Gerechtigkeit*[1] der Brückenbegriff ist zwischen den religiös indifferenten Nachhaltigkeitsdiskursen und den Überlegungen von Laudato si', die sich mit dem beschäftigen, was Menschsein wesentlich bedeutet. Allerdings darf die säkulare Sicht auf Gerechtigkeit nicht ohne weiteres als identisch oder auch nur als vereinbar mit der biblischen Sicht angesehen werden. *Ein* bestimmter Aspekt der biblischen Lehre von der Gerechtigkeit scheint uns jedoch auch für säkulare Nachhaltigkeitspolitik und vor allem für den Umgang mit sozialen Verwerfungen bedeutsam. Gerechtigkeit bedeutet immer (auch, vielleicht sogar vor allem), dem Anderen gerecht zu werden. Im biblischen Gleichnis vom *barmherzigen Samariter* stellt der Jude Jesus von Nazareth, der es erzählt, einem Schriftgelehrten, ebenfalls einem Juden, als Vorbild einen Nicht-Juden aus der wenig angesehenen Gemeinschaft der Samariter vor Augen. Entscheidend für die Botschaft dieses Gleichnisses ist, dass dieser Samariter sich mit allen Kräften für einen Verwundeten am Wege einsetzt, der nicht der eigenen Gemeinschaft der Samariter angehört und nicht deren Überzeugungen teilt. Ebenso verweist Jesu Gebot der Feindesliebe darauf, dass man gerade denen gerecht werden soll, die, gesehen vom Kreis derer, die man normalerweise zu berücksichtigen geneigt ist, auf der jeweils anderen Seite stehen.

5. *Demut.* Gesetze, konkrete Maßnahmen und Handlungen im Rahmen einer Nachhaltigkeitspolitik werden in aller Regel Mängel aufweisen – schon wegen des Unwissens zum Zeitpunkt der Entscheidung und wegen der politischen, wirtschaftlichen und gesellschaftlichen Umstände, die selbst richtige Maßnahmen in eine ungute Richtung umlenken. Bündnispartner, auf die man verzichten, Kompromisse, die man nicht eingehen möchte, Unsicherheit, von der man gerne frei wäre, gehören ebenso zum Tagesgeschäft der Nachhaltigkeitspolitik wie Verzerrungen in den Medien, die oft dazu neigen, negative Stimmungen aufzugreifen und anzuheizen, und nicht selten bereit sind, das zarte Pflänzchen des Guten als den Anfang vom schlechten Ende zu diffamieren. Aus christlicher Sicht ist hier an die Tugend der *Demut* zu erinnern. Demut ist die Bereitschaft, eigene Wünsche, Interessen, Orientierungen und Befürchtungen zurückzunehmen, um die Fülle dessen, was da ist, anzunehmen. In der

---

[1] Vgl. Faber/ Manstetten/ Rudolf/ Frick/ Becker (2023, Kap. 4).

Demut erscheint das Gegenwärtige, unverstellt durch alles Private, als ein Raum, worin erspürt werden kann, an welchen Stellen eigenes Handeln möglich und gefordert und an welchen Stellen das Akzeptieren des Unabänderlichen angebracht ist. Das entspricht dem, was der US-amerikanische Theologe Reinhold Niebuhr (1892–1971) in einem Gebet formulierte: „Father, give us courage to change what must be altered, serenity to accept what cannot be helped, and the insight to know the one from the other."[176] Gepaart mit einem wachen Sinn für Gerechtigkeit befreit Demut davon, zum Sklaven der eigenen Stimmungen, Konzepte und Absichten zu werden, ohne dass deswegen das Handeln unverbindlich und die Haltung opportunistisch wird. Demut schützt insbesondere vor Selbstgerechtigkeit.

6. *Rechter Umgang mit Empörung.* Vieles was man über den Zustand von Umwelt und Gesellschaft und die Gleichgültigkeit derer erfährt, die ihn verursachen, kann Empörung hervorrufen. Empörung ist eine angemessene Reaktion auf Nachrichten über Plastikmüll in den Meeren, Ausrottung von Pflanzen- und Tierarten, das Leid der Nutztiere in der Tierhaltung ebenso wie über die Benachteiligung und Vertreibung ganzer Bevölkerungsgruppen und die Gleichgültigkeit gegenüber Armut, Elend, Gewalt und Krieg. In ihrer Empörung kommen religiös indifferente oder areligiöse Menschen mit religiös orientierten Menschen häufig überein. Empörung macht jedoch leicht einseitig. So kann etwa ein bestimmter Missstand, der gerade im Zentrum der Medienaufmerksamkeit steht, von schlimmeren Missständen ablenken, und weiterhin kann der Versuch, das eine Übel, das ins Auge springt, zu beseitigen, unbemerkt andere Übel hervorrufen. Empörung ist notwendig, damit Veränderungen überhaupt in Gang kommen. Aber sie muss gerecht sein. Das ist sie, wenn zum einen die Informationen, die sie veranlassen, wahr sind – was zunächst strenge Überprüfung ihrer Herkunft sowie der Interessen derer, die sie verbreiten, erfordert –, und wenn zum anderen das Ziel derjenigen Handlungen, in die Empörung als Impuls eingeht, Gerechtigkeit ist, nicht nur für die, deren ungerechte Behandlung die Empörung auslöste, sondern Gerechtigkeit für alle Betroffenen. Fordert man Gerechtigkeit für die Schwachen, darf damit nicht Ungerechtigkeit gegenüber denen legitimiert werden, die man als nicht schwach qualifiziert. Ganz allgemein gilt: Empörung über Ungerechtigkeit darf nicht ihrerseits zu Ungerechtigkeit verleiten, nicht einmal den Tätern und Indifferenten gegenüber.

7. *Gewaltverzicht.* Der *Gewaltverzicht*, zu dem Jesus von Nazareth gegenüber den Feinden auffordert, sollte auch für Nicht-Christen richtungsweisend sein.

11.3 Jenseits der Nachhaltigkeit – Dienst am Mammon und Umkehr

Der Homo politicus, wie wir ihn soeben genauer untersucht haben, ist besonders dann von Bedeutung, wenn es um große politische, gesellschaftliche und wirtschaftliche Veränderungen geht. Solche Veränderungen hat im Jahre 2011 der *Wissenschaftliche Beirat Globale Umweltfragen* (WBGU) in seinem an die Bundesregierung gerichteten Hauptgutachten gefordert, als er die Idee einer *Großen Transformation* in die öffentliche Debatte einbrachte: Damit Menschen noch lange auf der Erde existieren und sich um ein gutes Leben bemühen können, müsse ein alle Lebens- und Gesellschaftsbereiche umfassender Wandel auf der ganzen Erde stattfinden.[177] Ein solcher Wandel, wenn er denn überhaupt möglich ist, ist entscheidend auf den Homo politicus angewiesen. Könnte eine derartige Transformation nicht als säkulares Äquivalent oder Substitut für die Idee einer ökologischen Umkehr aufgefasst werden? Mit anderen Worten, Große Transformation und ökologische Umkehr – ist das nicht dasselbe?

Wie immer man die Chancen und Grenzen einer Großen Transformation im Sinne des WBGU einschätzt, wir glauben nicht, dass damit die Impulse, die die Idee der ökologischen Umkehr setzt, überflüssig werden. Denn alle Modelle nachhaltigen Wirtschaftens, auch die Ideen zu einer Großen Transformation sind in dieser Welt geprägt von dem Ideal menschlicher Kontrolle und Steuerung. Auch eine Person, die sich als politische Akteurin der Grenzen dieses Ideals und damit ihres Unwissens bewusst sein sollte, ist in ihrem Handeln auf dieses Ideal verpflichtet, das den WBGU-Bericht zur Großen Transformation prägt. Obwohl dieser sich streckenweise der Rhetorik der alarmistischen und moralisierenden Ansätze bedient, bleibt er mit den Zielen, die in ihm anvisiert werden, letztlich in den Grenzen des Standardansatzes der Nachhaltigkeit. Entsprechend unseren Überlegungen in den Kap. 4 und 6 ist die leitende Idee dieses Ansatzes folgendermaßen zu charakterisieren: Wenn technischer und ökonomischer Fortschritt zur Schonung von Ressourcen und Umwelt, wenn gute Gesetze zur Vermeidung von umweltschädlichem Konsum führen würden, dann könnten die Menschen ungestört ihr Glück suchen, und es könnte die Spanne des Daseins der Menschheit auf der Erde noch sehr lange währen. Dass die Versuche, die Grenzen des Standardansatzes durch die Idee einer *Kultur der Nachhaltigkeit*[178] zu erweitern, im Allgemeinen eher blass wirken, verweist auf Grenzen der rein säkular angelegten politischen und gesellschaftlichen Programme. In ihrem Rahmen erscheint alles individuelle Leben beschränkt auf die Zeit zwischen Geburt und Tod. Sie sind darauf angelegt, so wenig Leid wie nur möglich zuzulassen und sehen ihr Ziel darin, die Menschen zu befähigen, das jeweils Beste aus ihrem Leben zu machen. Dem Anschein, es sei „natürlich", dass Menschen alles tun, um innerhalb der Frist ihres Daseins vom Leben jeweils mehr zu bekommen, als sie schon haben, kann die sich rein säkular verstehende Welt kaum entgehen. Auch die Homines politici, soweit sie ihre Bestrebungen auf eine Große Transformation richten, können (und sollten) mit ihren Handlungen diesen Rahmen nicht überschreiten. Was also unterscheidet die Umkehr von einer Großen Transformation?

„Niemand kann zwei Herren dienen: Entweder er wird den einen hassen und den andern lieben, oder er wird an dem einen hängen und den andern verachten. Ihr könnt nicht Gott dienen und dem Mammon."[179] Wir nehmen diese Worte Jesu zum Anlass, auf die Nähe von Nachhaltigkeitspolitik und Umkehr zu verweisen und zugleich den Abstand zwischen ihnen zu verdeutlichen. *Mammon*, in der ursprünglichen Bedeutung wohl *Geld*, wird im Neuen Testament verstanden als der *Inbegriff aller Mittel des Lebens*. Rohstoffe, Güter zum alltäglichen Gebrauch können ebenso dazu gehören wie Werkzeuge, Häuser, Luxusgegenstände – kurzum, aller Besitz, über den Menschen verfügen, kann zum Mammon gerechnet werden. Insbesondere zählen zum Mammon alle Arten von Kapitalgütern, wie Fabriken, Gebäude, Hafenanlagen, Verkehrsmittel, Kohlekraftwerke und andere Kraftwerke und, nicht zuletzt, Geld und Finanzmittel, also diejenigen Mittel, die es ermöglichen, der materiellen und immateriellen Ressourcen des Lebens habhaft zu werden. *Mammon* ist nicht der Name von etwas per se Schlechtem, im Gegenteil: Ohne den Mammon kann ein Mensch auf der Erde gegenwärtig nicht leben. Aber man sollte dem Mammon nicht dienen!

Dem Mammon zu dienen, ihn als Herrn anzuerkennen heißt, dass der oberste Gesichtspunkt des Denkens, Strebens und Handelns einer Person sich auf die Mittel des Lebens bezieht, auf ihren Erwerb, ihre Sicherung und Vermehrung. Unter dem Aspekt des so verstandenen Mammons kann man das Problem verdeutlichen, das sich mit dem oben beschriebenen *Projekt der Verbesserung der Lebensbedingungen* stellt.[180] So, wie es hier vorgestellt wurde, hat es zu einer von seinen Anfängen um 1600 her unvorstellbaren Expansion der Mittel des Lebens in Quantität und Qualität geführt. Jesu Mahnung kann in diesem Zusammenhang so gelesen werden: Der Mensch, der sein Leben in der Hauptsache auf die Mittel des Lebens ausrichtet, ist nicht nur unfähig, *Gott zu dienen* – was Atheisten und Agnostiker nicht beunruhigen dürfte –, sondern er hat die Mittel des Lebens zum Zweck und Ziel des Lebens gemacht. Ein solcher Mensch ist somit nicht fähig, einen Sinn des Lebens außerhalb des Bereiches seiner Mittel zu suchen. Je mehr

Mittel zur Verfügung stehen, desto mehr können sie die Idee eines Lebens jenseits aller Mittel verstellen und verdecken. Dass eine solche Haltung das menschliche Leben gleichsam von seiner Wurzel her entwertet und im eigentlichen Sinne seiner Menschlichkeit beraubt, hat – ganz außerhalb der Sphäre, in der die Texte der Bibel entstanden sind – bereits Aristoteles (384– 322 v. Chr.) bemerkt:

„Und so ist es denn offenbar, dass in gewisser Weise aller Reichtum seine notwendige Grenze hat, in der Wirklichkeit aber sehen wir das Gegenteil eintreten, denn alle, die auf den Erwerb bedacht sind, suchen ihr Geld bis ins Grenzenlose zu vermehren. [...] Daher glauben manche, das sei die Aufgabe der Hausverwaltungskunst [vom griechischen *Oikonomia* ist der Begriff *Ökonomie* abgeleitet], und bleiben dabei, dass man das vorhandene Geld mindestens zu erhalten oder richtiger noch bis ins Endlose zu vermehren suche. Die Ursache solcher Denkweise aber liegt darin, dass [sich] die meisten Menschen nur um das Leben und nicht um das vollkommene Leben sorgen, und da nun die Lust zum Leben ins Endlose geht, so trachten sie auch, die Mittel zum Leben ins Endlose anzuhäufen. [...] Denn jeder Sinnengenuß hängt am Übermaß, und so trachten sie nach einer Kunst, die ihnen das Übermaß dieses Genusses verschafft [...]. Denn die Tapferkeit ist nicht dazu da, Geld zu erzeugen, sondern Mut, und die Kriegs- und die Heilkunst hat gleichfalls nicht jene Bestimmung, sondern die erstere die, den Sieg, und die letztere, Gesundheit zu verschaffen; jene Art von Leuten aber macht all dies zu Mitteln des Gelderwerbs, als wäre dies der Zweck und als gälte es hier, das auf seinen Zweck alles bezogen werden müsse."[181]

Aristoteles sah klar, dass ein Leben, das primär auf die Mittel des Lebens geht – sei es nur auf Geldvermehrung gerichtet oder sei es auf die mit Geld zu erwerbenden Güter gerichtet, die Genuss versprechen –, im eigentlichen Sinn kein dem Menschen gemäßes Leben ist, weil das Wesentliche fehlt: ein Zweck oder ein Ziel, ein nicht relativer Wert, woraufhin sich dieses Leben orientieren würde. Ein solches Leben weiß nicht, wozu es da ist, und dieses Unwissen bedeutet, dass es sich verstrickt in die Bewahrung und Vermehrung seiner Mittel.

Wie steht dazu eine auf Nachhaltigkeit gerichtete Politik? Gegen die sinnlose Anhäufung von Mitteln des Lebens in allen Varianten, sei es etwa die Produktion von überflüssigen Konsum- und Statusgütern oder die Verfügung über Finanzkapital in schwindelerregender Quantität, hat sie durch entschiedene Grenzziehung anzugehen. Und gewiss muss es ihr darum gehen, den Eintrag von klimaschädlichen Gasen in die Atmosphäre und den Verbrauch von fossiler Energie so weit möglich zu verhindern und die Nutzung von Wasser und Boden zu regulieren. Aber mit alledem kann die Politik ihrerseits nicht aus dem Bereich der Mittel des Lebens heraustreten. Sie hat sich selbst im Idealfall darauf zu konzentrieren, Mittel zum Leben für die ganze Menschheit nach Möglichkeit langfristig zu sichern und deren angemessene Verteilung zu organisieren. Damit aber bleibt das Projekt Nachhaltigkeit, soweit es in der Sphäre der Politik angesiedelt ist, dem verhaftet, was die Bibel Mammon nennt: Für eine im Vorhinein unbestimmte Dauer sollen jetzt und in Zukunft allen Menschen Mittel für dasjenige Leben zur Verfügung gestellt werden, das ihnen als ein gutes Leben erscheint. Mit anderen Worten: die Botschaft, der eine vernünftige Politik der Nachhaltigkeit verpflichtet ist, lautet: *Suchet zuerst die langfristige Versorgung der Menschheit mit den notwendigen und angenehmen Mitteln des Lebens – alles andere kann sich dann von selber ergeben.* Das gute Leben selbst aber, was es ist oder nicht ist, kann und darf nicht im Fokus einer Nachhaltigkeitspolitik stehen, insofern sie als Politik in den Grenzen des Säkularen stattzufinden hat. Allenfalls ex negativo bezieht diese sich auf das gute Leben – nämlich derart, dass sie ein Leben, das die Ressourcen der Erde so ausbeutet und verteilt, wie es gegenwärtig, ausgehend von den reicheren Gesellschaften, der Fall ist, klar als ein schlechtes Leben brandmarken muss.

Laudato si' drückt zu Recht eine deutliche Distanz zum Projekt Nachhaltigkeit aus, wenn man es in diesem Sinn auffasst. Denn die Enzyklika bezieht ihre besten Impulse aus der Mahnung Jesu: „Darum sage ich euch: Sorgt euch nicht um euer Leben, was ihr essen und trinken werdet; auch nicht um euren Leib, was ihr anziehen werdet. Ist nicht das Leben mehr als die Nahrung und der Leib mehr als die Kleidung? [...] Trachtet zuerst nach dem Reich Gottes und nach seiner Gerechtigkeit, so wird euch das alles zufallen. Darum sorgt nicht für morgen, denn der morgige Tag wird für das Seine sorgen. Es ist genug, dass jeder Tag seine eigene Plage hat."[182]

Wir haben zwar, anscheinend gegen diese Worte Jesu gerichtet, hier verschiedentlich dafür plädiert, das säkulare Projekt Nachhaltigkeit mit seiner Sorge für morgen und übermorgen äußerst ernst zu nehmen und mit allen Kräften weiter zu verfolgen: Die Menschheit sollte dafür Sorge tragen, dass es für sie, soweit sie die Zukunft in den Blick nehmen kann, stets einen morgigen Tag gibt, an dem vom *Mammon,* von den Mitteln des Lebens, genug für alle Menschen zur Verfügung steht. Die soeben zitierten Jesusworte dürfen also keineswegs ein Laissez-faire oder gar Sorglosigkeit begünstigen angesichts dessen, was uns Menschen am Beginn des dritten Jahrtausends bevorsteht. Die Enzyklika Laudato si' macht schon durch ihren Untertitel *über die Sorge für das gemeinsame Haus*deutlich, dass sie an diesen Sorgen der säkularen Welt durchaus Anteil nimmt.

Auf der anderen Seite spricht das von Laudato si' ausgedrückte Unbehagen an der gegenwärtigen Lebensweise und die Forderung nach Umkehr Entscheidendes an, das keineswegs nur Christen betrifft, und dies hat mit dem zu tun, was Jesus zur Sorge sagt. Wenn die Beschäftigung mit den Mitteln des Lebens zu Zweck und Ziel des Lebens wird, dann fehlt das Wesentliche. Wenn sehr viele Menschen keine andere Sorge haben als die, materiellen Wohlstand und Reichtum zu erwerben, festzuhalten und zu vermehren, dann wird sich aller Reichtum, alles Vermögen und Einkommen letztlich als das erweisen, was Jesus dem Mammon als Attribut beilegt: Er nennt ihn den *Mammon der Ungerechtigkeit.*[183]

Was Mammon mit Ungerechtigkeit zu tun hat, möchten wir durch folgenden Gedankengang verdeutlichen: Der Bereich des Mammons ist als der Bereich der Mittel des Lebens zugleich der Bereich, wo es um deren Verteilung, also um die Einkommens- und Vermögensverteilung geht. Sachgüter und Geld waren zur Zeit Jesu und sind ganz besonders heute auf der ganzen Erde *ungerecht* verteilt. Seit Menschen unter einer ungerechten Verteilung von Mitteln leiden oder Zeugen davon sind, ist die bis heute nicht verstummende Forderung erhoben worden, sie müssten gerechter verteilt werden – gelegentlich bis zu der Behauptung, dass die Welt in Ordnung wäre, wenn nur alles unter allen gerecht verteilt wäre. Das hat dazu geführt, dass Gerechtigkeit in vielen säkularen Diskursen ausschließlich als *Verteilungsgerechtigkeit*verstanden wird, bezogen auf Geld und Güter, seien sie materiell oder immateriell.[184] Das aber ist ein unzureichendes Verständnis, da damit Gerechtigkeit ausschließlich im Feld der Mittel des Lebens verortet wird, während die Frage nach den Zielen des Lebens, die Frage, was für Individuen und Gemeinschaften den Gehalt eines Lebens in Gerechtigkeit, also ein gutes Leben, ausmacht, auf diese Weise gar nicht angemessen gestellt werden kann.

Wir verstehen den Ausdruck *Mammon der Ungerechtigkeit* dahingehend, dass mit ihm derjenige Bereich gekennzeichnet wird, in dem es ausschließlich um die Mittel des Lebens geht, um Güter und Geld, um Reichtum, Macht und Erfolg also. Dieser Bereich ist dann aufzufassen als ein Bereich, aus dem immer wieder neu Ungerechtigkeit hervorgeht – unabhängig von der konkreten Regelung der Verteilung. Er wird auch in Zukunft ein Feld von Konflikten sein, denn eine perfekte Verteilung gibt es nicht. Immer wenn Veränderungen anstehen, erst recht bei großen Transformationen in Richtung Nachhaltigkeit, wird es Individuen und Gruppen geben, die sich benachteiligt fühlen. Damit wir nicht missverstanden werden: Aus vielen Gründen erscheint uns die gegenwärtige globale Verteilung von Einkommen und Vermögen unhaltbar, massive Korrekturen – sowohl um der Nachhaltigkeit willen als auch im Sinne einer gerechteren Verteilung – sehen wir als dringend erforderlich an. Aber mit der Fixierung auf Verteilungsfragen, auf die Verteilung von Mitteln des Lebens, scheint uns das Problem der Gerechtigkeit schon im Ansatz unzureichend angepackt zu werden. Die Regelung von Verteilung, mag man sich noch sehr um Gerechtigkeit bemühen, bleibt immer vorläufig, jede Art von Berechnung, die ihr zugrunde gelegt wird, ist anfechtbar.

Damit sind auch Grenzen jeder Nachhaltigkeitspolitik angesprochen. Wenn Fragen der Einkommens- und Vermögensverteilung Priorität gewinnen, wird letztlich das Ziel der Nachhaltigkeit selbst aus dem Blick geraten. Denn Nachhaltigkeitspolitik führt fast immer zu Umverteilungen – und es wird immer irgendjemanden geben, der sich – mit mehr oder weniger guten Gründen – dabei ungerecht behandelt sieht. Jesus von Nazareth macht deutlich, dass Gerechtigkeit im eigentlichen Sinne da beginnt, wo Menschen sich von der Fixierung auf Verteilungsfragen lösen, wo sie also nicht mehr dem Mammon als ihrem Herrn dienen. Dieser Botschaft sucht Laudato si' in seinen besten Passagen zu entsprechen.

12

Ökologische Umkehr – ökumenisch aufgefasst

12.1 Für wen gilt die Forderung nach Umkehr?

Laudato si' als offizielles Dokument der Katholischen Kirche in Sachen des Glaubens hat mit der Prägung des Begriffs *ökologische Umkehr* Neuland betreten. Die Überlegungen zu dieser Umkehr stellen den Versuch dar, von gesichertem theologischen Boden aus zu argumentieren: Der Begriff *ökologische Umkehr* wird innerhalb der Enzyklika[185] als eine Erweiterung oder Vertiefung des allgemeinen Konzepts *Umkehr* verstanden. An verschiedenen Stellen wird die Möglichkeit angenommen, dass im Innern der primären Adressaten, der Katholiken, zwar eine Umkehr stattfindet oder bereits stattgefunden hat, aber derart, dass ihr die ökologische Seite fehlt. Das wird von den Autoren als Problem gesehen: Es gibt „engagierte und betende Christen, [die] unter dem Vorwand von Realismus und Pragmatismus gewöhnlich die Umweltsorgen bespötteln. Andere sind passiv, entschließen sich nicht dazu, ihre Gewohnheiten zu ändern, und werden inkohärent. Es fehlt ihnen also eine *ökologische Umkehr*, die beinhaltet, alles, was ihnen aus ihrer Begegnung mit Jesus Christus erwachsen ist, in ihren Beziehungen zu der Welt, die sie umgibt, zur Blüte zu bringen."[186] Laudato si' scheint hier vor allem diejenigen anzusprechen, denen bereits Entscheidendes *aus ihrer Begegnung mit Jesus Christus* erwachsen ist.

Wir möchten hier einen Schritt darüber hinaus gehen, indem wir auch diejenigen als Adressaten in den Blick nehmen, die eine Begegnung mit Jesus Christus nicht erfahren haben und von denen man nicht wissen kann, ob sie sie erfahren wollen und erfahren werden. Dass, wie Laudato si' sagt,

R. Manstetten und M. Faber, *Ist die Welt noch zu retten?*,
https://doi.org/10.1007/978-3-662-71819-3_12

die „Umweltkrise ein Aufruf zu einer tiefgreifenden inneren Umkehr"[187] ist, scheint uns auch für Juden, Muslime, Hindus, Buddhisten etc., aber auch für Atheisten zu gelten. Wir gehen davon aus, dass die Forderung nach einer ökologischen Umkehr für diese Menschen nicht weniger bedeutsam ist als für Christen. Ökologische Umkehr wäre somit eine Idee, die einer inter- oder transreligiösen Ökumene zugehören würde.

Diese Umkehr kann man, wie wir annehmen, ohne Rückgriff auf Prämissen des christlichen Glaubens verstehen. Es geht um die Umkehr derjenigen Blickrichtung, die gerade zwanghaft in jede anscheinend normale Lebensführung eingeschrieben ist. Der normale Blick starrt immer wieder von Neuem auf die Mittel des Lebens und kann nicht davon ablassen, diese in ihrem Bestand festhalten und womöglich vermehren zu wollen. Die Mittel müssen festgehalten werden, weil ohne dieses Festhalten Leben gar nicht vorstellbar erscheint. In äußerlich friedlichen Zeiten verfestigten sich aufgrund dieses Festhaltens soziale Unterschiede, denn eine Person, die viel hat, möchte, was sie hat, behalten und vermehren, und ist folglich wenig oder gar nicht interessiert am Los derer, die wenig oder nichts haben. Vor allem in Krisenzeiten aber kann dieses Festhalten geradezu gefährlich für den Bestand einer Gesellschaft werden. Was geschieht, wenn es ernst wird und die Besitzenden um des Fortbestandes der Gesellschaft willen substanziell abgeben müssten? Im *Dienst am Mammon* ist sehr oft ein Moment der Angst wirksam, da schon in einem partiellen Verlust der Mittel des Lebens die Drohung mitschwingt, der Verlust des Lebens selbst stehe bevor. Man kann unschwer eine ähnliche Angst feststellen, wenn es um die Zukunft der Menschheit geht.

Bestimmte Züge dieser Haltung spielen auch in die Nachhaltigkeitsdiskurse hinein. Zwar wissen diejenigen, die sich hier ernsthaft engagieren, dass sie Verzicht nicht nur von anderen fordern dürfen, sondern auch selbst verzichten müssen. Aber trotz allem Alarmismus wollen viele Menschen Nachhaltigkeit in dem Sinn, dass sie irgendwie doch weiterhin das Leben führen können, das sie gewohnt sind und das sie als nachhaltigkeitsbewusste Personen auch den kommenden Menschen wünschen. Daraus ergibt sich ein existenzieller Widerspruch. Wir wissen: Die Gefährdung der Mittel des Lebens für kommende Menschen ist real, um ihretwillen sollte man loslassen und ablassen von Gewohntem und scheinbar Selbstverständlichem. Dem entgegen steht jedoch ein geradezu instinktives Haften an den Mitteln, die man hat, um einer Lebensweise willen, die man nicht aufgeben mag. Dieses Festhalten führt dazu, dass man angstvoll auf die möglichen Verluste starrt. Wenn sich dieses Starren vom Privaten auf die ganze Menschheit erweitert, dann können Zukunftsaussichten nach den Prognosen der Wissenschaftler durchaus apokalyptische Züge annehmen. Die Mischung aus Festhalten einerseits und Angst andererseits lähmt oft die Kreativität des Handelns. Was folgt daraus?

Wie gezeigt wurde, besteht die rein säkular anzugreifende Aufgabe der Nachhaltigkeitspolitik darin, zukünftigen Menschen die Mittel des Lebens nach Möglichkeit zu bewahren. Es geht um die Abkehr von der Nutzung fossiler Ressourcen und die Erschließung erneuerbarer Ressourcen, es geht um den Schutz von Boden, Wasser und Luft sowie den Erhalt von Biodiversität, alles unter dem Gesichtspunkt optimaler Bedürfnisbefriedigung im Rahmen des Möglichen. Unserer Überzeugung nach werden jedoch für die Lösung diese Aufgabe auch und vielleicht sogar ganz besonders gerade solche Menschen gebraucht, die nicht krampfhaft an den Mitteln des Lebens festhalten – sei es selbst im Namen der Rettung der Welt.

Es bedarf der Menschen, die aus dem Feld des Mammondienstes – und sei es selbst ein Mammondienst für die Nachhaltigkeit – ganz und gar herauszutreten fähig sind. Diese müssen zur Umkehr bereit sein und sie faktisch vollziehen. Umkehr ist hier zu verstehen als eine radikale Änderung der Blickrichtung und der Lebenseinstellung.

12.2 Bedarf es für das Verständnis der Umkehr einer Vorstellung von Gott?

An dieser Stelle ist ein Einwand zu diskutieren, den sowohl gläubige Katholiken als auch Atheisten formulieren könnten: Kann man Umkehr ohne den Begriff *Gott* verstehen? Verwässert Laudato si' nicht mit dem Ausdruck *ökologische Umkehr* den Bezug auf Gott, der zum Verständnis von Umkehr im religiösen Kontext unabdingbar gehört? Nehmen nicht wir, die Autoren, wenn wir im nächsten Abschnitt dieses Kapitels die Möglichkeit einer Umkehr ohne Gottesbezug erwägen, der Umkehr das ihr zukommende religiöse Gewicht bzw. (in den Augen von Atheisten) die von ihr nicht ablösbaren religiösen Schranken?

Dieser Einwand setzt ein bestimmtes Verständnis des Ausdrucks *Gott* voraus. Gott wird nach Art eines abgrenzbaren Objektes vorgestellt, als eine von anderen unterschiedene personale Instanz, die man auf bestimmte Eigenschaften festlegen kann und auf die man sich, wenn sie existiert, beziehen oder aber, wenn sie nicht existiert, nicht beziehen kann. Die Vorstellung, dass man in einer derartigen Weise wissen kann, wer oder was Gott ist, findet sich nicht nur bei gläubigen Christen, sondern auch bei Atheisten, die wenigstens so viel über Gott wissen müssen, dass sie sagen können: Eine solche Instanz existiert nicht. Demgegenüber gab und gibt es in der Theologie Positionen, die auf die Problematik derartiger Vorstellungen aufmerksam machen, eine Problematik, die sich daraus ergibt, dass man Gott nach Art eines Gegenstandes auffasst, den man durch begriffliches Denken oder besondere Erfahrungen erfassen zu können meint.

Neben anderen ist hier Thomas von Aquin (1225–1274) zu nennen, einer der bedeutendsten und bis heute wirkmächtigen Theologen der Katholischen Kirche. Der Philosoph und Thomas-Interpret Josef Pieper (1904–1997) bemerkt mit Hinweis auf ein Hauptwerk von Thomas: „Man wird es nur selten erwähnt finden, daß die Gotteslehre der Summa theologica mit dem Satz beginnt: ‚Wir vermögen nicht zu wissen, was Gott ist, wohl, was er nicht ist.'"[188] Diesem Satz lässt sich hinzufügen, was Nikolaus von Kues (1401–1464) in seinem Dialog „De deo abscondito" („Vom verborgenen Gott") einem Christen im Gespräch mit einem Nicht-Christen in den Mund legt: „Ich weiß, dass alles, was ich weiß, nicht Gott ist, und dass alles, was ich erfasse, ihm nicht gleichkommt, dass er es vielmehr überragt."[189] Demgemäß lässt sich der Satz vom Widerspruch auf Gott sowie auf Gott betreffende Aussagen letztlich nicht anwenden. In der buddhistischen Lehre des Madhyamaka, in der es keinen Gottesbegriff gibt (ohne dass man sie deswegen atheistisch nennen könnte), finden sich deutliche Parallelen dazu, insbesondere in den Gedanken ihres Begründers, Nagarjuna (ca. 150–250).[190] In letzter Konsequenz würden derartige Positionen bedeuten, dass auch der Widerspruch zwischen den Sätzen „Gott existiert" und „Gott existiert nicht" aufgehoben wäre.

Lässt man sich auf derartige Überlegungen ein, so ergibt sich, dass, was im Christentum *Gott*, im Judentum *HaSchem* und im Islam *Allah* genannt wird, unaussprechliches und unbegreifliches Geheimnis ist. Aber es kommt etwas hinzu: Dieses Geheimnis ist für die Gläubigen in den Offenbarungsreligionen Judentum, Christentum und Islam keineswegs abstrakt. Es betrifft die Menschen so sehr, dass sie ihm gegenüber nicht gleichgültig bleiben können, auch wenn sie es nicht erkennen und nicht verstehen. Seine Spur begegnet ihnen in allen Geschöpfen, ganz besonders aber in Heiligen Schriften, die Orientierung bieten. Und die Präsenz dieses Geheimnisses erfahren sie nicht zuletzt im Staunen darüber, dass sie selber existieren und dass die Welt existiert. Wir können einen Aspekt dessen auch in einer nicht spezifisch religiös gefärbten Sprache ansprechen, wenn wir sagen: Etwas von diesem Geheimnis ist den Menschen gegenwärtig, als Ermutigung und Herausforderung, Wahrheit, Gerechtigkeit und Frieden zu erstreben und sich mit allen Kräften darum zu bemühen.

Vor diesem Hintergrund geht in die Irre, wer sich von der Suche nach Wahrheit, Gerechtigkeit und Friede löst bzw. diese Orientierungsmarken für zweitrangig hält gegenüber anderen Bedürfnissen, Interessen und Überzeugungen, die er willkürlich priorisiert. Im Hinblick auf diejenigen, denen es mit der Sache der Nachhaltigkeit ernst ist, ist es vielleicht – aus einer religiösen Sicht, wie sie in Laudato si' Ausdruck findet – erlaubt zu sagen: Solange ein Mensch ernsthaft nach Wahrheit, Gerechtigkeit und Frieden strebt, ist er Gott nicht ferne, unabhängig von seinen ausgesprochenen Glaubensüberzeugungen. Der ausdrückliche Glaube, so wie ihn Laudato si' bei seinen idealen Adressaten annimmt, fügt allerdings dem noch etwas hinzu, nämlich das Vertrauen, dass das unfassbare Geheimnis, das man mit dem Namen Gott bezeichnet, dem Menschen entgegenkommt und ihn in seinem Innersten ergreift, nämlich als *Liebe*. Liebe ist zugleich *Gabe*, die jeder Mensch von Geburt an empfängt, und *Aufgabe* für seine Lebensführung und sein Handeln. Denn was er empfangen hat, soll er durch sein Handeln gegenüber Mitmenschen und Mitgeschöpfen offenbaren.

12.3 Umkehr für Menschen aller Religionen und für Atheisten

Viele religiöse Texte, innerhalb und außerhalb der Bibel, vermitteln das Bild, als müsse sich die Umkehr jäh ereignen.[191] Andere machen deutlich, wie lang sich der Weg zu einem solchen Ereignis hinziehen kann. Wie dem auch sei, nach unserer Erfahrung kann ausdauernde Übung die Bereitschaft für eine grundlegende Wandlung befördern. Gebet, Exerzitien und Kontemplation im Christentum, Chassidismus im Judentum, Sufitum im Islam, Yoga in den vedischen Religionen Indiens oder Chan (Zen) im Buddhismus sind Formen der Übung, die, wenn sie frei von Fanatismus und Fundamentalismus praktiziert werden, dazu bereit machen können, als normal geltende Denk- und Verhaltensmuster von Grund auf aufzubrechen. Von dort her eröffnen sich neue Wege, Umkehr aufzufassen – zwar angeregt von Impulsen, wie sie in den Schriften der großen Religionen formuliert wurden, aber doch unabhängig von dogmatischen Fixierungen. Eine Person, die sich ernsthaft auf einen solchen Weg begibt, löst sich vom Mammon und der Frage seiner Verteilung. Sie erfährt innere Freiheit, die sich insbesondere auch in den Beziehungen zum nicht-menschlichen Leben auswirkt. Vor allem ergibt sich auf diesem Weg ein vertieftes Verständnis von Gerechtigkeit, nicht zuletzt, weil das eigene Leben und Tun darin eingeschlossen ist.

Was wir hier angedeutet haben, wollen wir unter den vier Überschriften *Abgeschiedenheit, Freiheit, Natur* und *Hunger und Durst nach Gerechtigkeit* etwas genauer betrachten. Die Reihenfolge, die hier suggeriert wird, ist keine Schrittfolge im Sinne eines Nacheinanders. So kann Umkehr ebenso gut mit einer neuen Erfahrung von Freiheit, mit der Aufnahme einer freien Beziehung zur Natur wie auch mit einer Hinwendung zur Gerechtigkeit beginnen.[192]

12.4 Abgeschiedenheit

Zur Umkehr gehört stets eine radikale Abkehr von den anscheinend normalen Fixierungen. Der Mystiker Meister Eckhart spricht hier von der *Abgeschiedenheit*, einer Haltung, die sich innerlich von allen Besetzungen und Verhaftungen löst. Abgeschiedenheit befreit von einer Einstellung, die zwingend mit dem Bereich der Mittel des Lebens verbunden ist: von der *Sorge* oder, besser gesagt, der Besorgtheit. Wenn Jesus mahnt, nicht für den morgigen Tag zu sorgen, bedeutet das nicht, dass die Bäuerin heute auf die Aussaat verzichten soll, weil sie sich gemäß Jesu Mahnung nicht um die zukünftige Ernte zu kümmern hat, im Gegenteil: Die Saat wird zur rechten Zeit dem Boden überlassen, und das muss sorgsam geschehen. Was für ein Wetter aber in wenigen Monaten Gedeihen oder Verkümmern der Aussaat beeinflusst, darum braucht man sich nicht zu sorgen, denn es ist der Kontrolle und der Steuerung durch den Menschen entzogen. Die Abkehr von der Sorge setzt indes das Vertrauen voraus, dass für das Wesentliche immer schon gesorgt ist. Für Christen und religiöse Menschen überhaupt wird dieses Vertrauen auf Gott gegründet. Buddhisten finden das Vertrauen darin, dass in allen Wesen, die existieren, die Buddha-Natur, d.h. Erwachen und Erwacht-Sein (*Buddha* bedeutet *der Erwachte*), gegenwärtig ist. Atheisten und Agnostiker mögen in Offenheit nach denjenigen Quellen des Vertrauens suchen, für die sie empfänglich sind. Wesentlich ist es, von der Art Sorge frei zu werden, die angesichts der Vorstellung des Untergangs der Menschheit geradewegs in Resignation und Verzweiflung mündet.

12.5 Freiheit

Die Haltung, die ein Leben in Freiheit ermöglicht, stellt Paulus in seinem ersten Brief an die Gemeinde in Korinth dar: „Dies aber sage ich, Brüder: Die Zeit ist begrenzt: dass künftig die, die Frauen haben, seien, als ob sie keine hätten, und die Weinenden, als ob sie nicht weinten, und die sich Freuenden, als ob sie sich nicht freuten, und die Kaufenden, als ob sie es nicht behielten, und die die Welt Nutzenden, als ob sie sie nicht benutzten; denn die Gestalt dieser Welt vergeht. Ich will aber, dass ihr ohne Sorge seid."[193] Die Zeit (griechisch: der *Kairos*) ist begrenzt, sagt Paulus, man darf den gegenwärtigen Augenblick als die Zeit für ein wesentliches Leben nicht versäumen. Aber das wesentliche Leben, ein Leben der Verbundenheit mit Gott, bedeutet nicht Flucht vor der Welt und aus der Welt. Im Wissen, dass die *Gestalt dieser Welt* vergeht, kommen Frauen und Männer zusammen, weinen und freuen sich die Menschen, finden Kauf und Verkauf statt, und *die Welt wird genutzt* mit allem, was sie bietet. Aber ihr Wissen befreit die Wissenden von den Verstrickungen und Besetzungen, die mit diesen Verhältnissen scheinbar unvermeidlich gegeben sind. Was immer an Alltäglichem zu leisten ist, wird mit dem „als ob" von der Macht und dem Druck der Sorgen gelöst, womit es das Bewusstsein zu beherrschen droht. Die gelegentlich spielerische Leichtigkeit, die in dem „als ob" mitschwingt, nimmt dem Leben nichts von seinem Ernst. „Als ob" bedeutet nicht Halbheit, nicht „auf die leichte Schulter" nehmen, sondern: mit ganzem Herzen dabei sein und dennoch frei sein. Von Martha, einer Person der christlichen Tradition, die mitten im tätigen karitativen Leben dennoch innerlich frei von den Belastungen dieses Lebens ist, sagt Meister Eckhart[194], dass sie *bei den Dingen* steht, nicht aber die Dinge in ihr, dass sie und mit ihr alle *Gottesfreunde bei der Sorge, nicht aber in der Sorge stehen.* Und so bleibt sie zwar durchaus *der Trübsal und Kümmernis ausgesetzt,* insofern sie sich mit den Dingen dieser Welt abgibt, aber sie bewahrt darin ihre innere Freiheit, die Freiheit des Dabeiseins und nicht Besetzt- und Verstricktseins. Eine solche Freiheit zu üben kann auch Menschen, die keinerlei religiöse Bindung haben, anempfohlen werden.

12.6 Natur

Laudato si' zitiert den Mystiker Johannes vom Kreuz (1542–1591) mit den Worten: „Die Gebirge haben Höhenzüge, sind reichhaltig, weit, schön, reizvoll, blumenübersät und dufterfüllt. Diese Gebirge – das ist mein Geliebter für mich. Die abgelegenen Täler sind ruhig, lieblich, kühl, schattig, voll süßer Gewässer; mit der Vielfalt ihres Baumbewuchses und dem zarten Gesang der Vögel verschaffen sie dem Reich der Sinne tiefe Erholung und Wonne und bieten in ihrer Einsamkeit und Stille Erfrischung und Ruhe. Diese Täler – das ist mein Geliebter für mich."[195] Der Mystiker, so die Enzyklika, „nimmt wahr, dass dieses innere Staunen, das er erlebt, auf den Herrn bezogen werden muss".[196] Unseres Erachtens kann aber die Erfahrung eines solchen „inneren Staunens" angesichts der Natur, auch wenn sie sich nicht in einer religiösen oder spezifisch christlichen Sprache ausdrückt, etwas von dem in sich bergen, was die Enzyklika mit ökologischer Umkehr meint. Henry David Thoreau (1817–1862) stellt in seinem 1854 erschienenen Buch „Walden oder Leben in den Wäldern"[197] dar, wie er sich für mehr als zwei Jahre aus dem Gesellschaftsleben seiner Heimatstadt Concord, Massachusetts, zurückzieht, um in einsamer Meditation und gelassener Mühe um das tägliche Brot die Natur am einsamen Walden-See derart zu erleben, dass er mehr und mehr mit ihr eins wird. Das Ergebnis ist jedoch nicht ein diffuses mystisches Gefühl der All-Einheit, sondern vielmehr eine Fülle von Beobachtungen anorganischen, organischen und tierischen Lebens, die gleichsam vor dem Hintergrund einer tiefen Klarheit des Bewusstseins hervortreten, die den Leser wie eine stille, tiefe und doch lebendige, für kleinste Bewegungen empfängliche Wasseroberfläche anmutet. Auch wenn Thoreau sich kein personales Bild von Gott und auch nicht eine spezifisch christliche Vorstellung von Gott als dem *himmlischen Vater* zu eigen macht, verkörpert er präzise das, was Laudato si' als den Kern der ökologischen Umkehr beschreibt: Ein „großherziges und von Zärtlichkeit erfülltes Umweltengagement"[198], wie es der Enzyklika als Ideal vorschwebt, findet kaum einen ehrlicheren und engagierteren Anwalt als Henry David Thoreau.

12.7 Hunger und Durst nach Gerechtigkeit

Wir haben verschiedentlich auf die Verurteilung des praktischen Relativismus durch Laudato si'[199] verwiesen und erinnern an die bereits in Kap. 4 zitierte Formulierung: „Wenn der Mensch sich selbst ins Zentrum stellt, gibt er am Ende seinen durch die Umstände bedingten Vorteilen absoluten Vorrang, und alles Übrige wird relativ."[200] In dieser Bewertung ist sich die Enzyklika einig mit den Begründern des Klassischen Liberalismus, die aus rein säkularen Gesichtspunkten zu dem Schluss kamen, dass eine menschliche Gemeinschaft, in der die Menschen den eigenen Vorteil als obersten Gesichtspunkt ansehen, keinen Bestand haben kann. So schreibt Adam Smith: „Ein einzelner darf niemals sich selbst auch nur irgendeinem anderen einzelnen so sehr vorziehen, dass er diesen anderen verletzen oder beleidigen würde, um sich dadurch einen Vorteil zu verschaffen, mag auch der Vorteil, der ihm daraus erwächst, weit größer sein als der Schaden oder die Beleidigung des anderen. [...] Durch dieses Vorgehen [wird] eines jener geheiligten

Gesetze verletzt, von deren wenigstens leidlicher Befolgung die ganze Ruhe und der ganze Frieden der menschlichen Gesellschaft abhängt.“[201] Daher darf Gerechtigkeit für Smith unter keinen Umständen durch andere Motive relativiert werden, denn sie ist für ihn der *Hauptpfeiler* des Baus der menschlichen Gesellschaft.[202]

Gerechtigkeit in dem Sinn, wie Smith sie hier versteht, beschränkt sich auf die Einhaltung elementarer Anstandsregeln und Gehorsam gegenüber den geltenden Gesetzen. Smith war aber darüber hinaus der Überzeugung, dass „unser unmittelbares Rechtsempfinden“ für eine Relativierung durch private Nutzenerwägungen weit weniger anfällig sei, wenn es durch ein „tiefes religiöses Empfinden“ gestützt und gestärkt würde.[203] Gerechtigkeit als Rechtsgehorsam, wie sie der Klassische Liberalismus versteht, ist für eine ökologische Umkehr bei weitem nicht hinreichend. Denn dafür muss Gerechtigkeit zur entscheidenden Lebensorientierung werden und die gesamte Lebensführung durchdringen. Allerdings ist damit eine Gefahr verbunden: Gerade wer erkannt hat, wie wesentlich Gerechtigkeit für das Leben ist, darf nicht dem Irrtum verfallen, man könne sie besitzen. Diejenigen, die meinen, die wahre Gerechtigkeit zu *haben*, tendieren zur Selbstgerechtigkeit. Sie dünken sich Andersdenkenden und Andershandelnden überlegen und können, wenn sie über politische Macht verfügen, im Namen einer angeblichen Gerechtigkeit Unheil in einem Ausmaß anrichten, das womöglich schlimmer ist als alles, was ein praktischer Relativismus anrichten kann.

Eine Orientierung bietet ein Wort Jesu aus den Seligpreisungen der Bergpredigt: „Selig sind, die hungern und dürsten nach Gerechtigkeit, denn sie sollen satt werden.“[204] Die wahre Gerechtigkeit ist da gegenwärtig, wo Menschen nach ihr hungern und dürsten. Das erscheint paradox und auf den ersten Blick keineswegs überzeugend: Wer nach Gerechtigkeit wahrhaft hungert und dürstet, dem fehlt sie. Und damit fehlt nicht nur irgendetwas an einem guten Leben, sondern es fehlt das, was dem guten Leben wahrhaft Bestand gibt. Mit welcher Berechtigung wird ein solcher Mensch *selig* genannt? Die Antwort könnte lauten: Weil in einer Welt, in der Gerechtigkeit im Großen und Ganzen keineswegs Wirklichkeit ist, der Durst nach Gerechtigkeit die Weise ist, in der sie dem Menschen am reinsten gegenwärtig sein kann. Wer nach Gerechtigkeit dürstet, ist zunächst frei von der Selbstgerechtigkeit, die auch im Nachhaltigkeitsdiskurs keine geringe Rolle spielt. Wer nach Gerechtigkeit dürstet, weiß, dass er nicht über sie verfügt, nicht einmal im Sinne eines Maßstabes, der zur Aburteilung anderer einlädt. Wer nach Gerechtigkeit dürstet, der dürstet nach dem Leben selbst, und ein solcher Mensch hat sich zugleich gelöst von allen vergeblichen Versuchen, wahres Leben im Mammon der Ungerechtigkeit zu suchen, bestehe er nun in Lust, privatem Vorteil, Schönheit, Reichtum, Macht, Erfolg oder in was auch immer. Eine Person, die nach Gerechtigkeit dürstet, hat die Energie ihres Verlangens auf dasjenige gerichtet, was über Sinn und Wert des eigenen Lebens entscheidet. Damit hat sie das Entscheidende schon errungen, selbst im Mangel: Denn entscheidend ist es, diesen Durst zuzulassen, ihn zu erfahren und an ihm sein ganzes Leben auszurichten. Wer das tut, hat, wenn nicht den Sinn seines Lebens selbst, so doch diejenige Richtung gefunden, in der er erlangt werden kann. Wer nach Gerechtigkeit dürstet, kann sich mit anderen, die ebenfalls nach Gerechtigkeit dürsten, in konkreten Situationen darüber verständigen und einigen, wie Gerechtigkeit praktiziert werden sollte.

Wie sich diese Seligkeit der nach Gerechtigkeit Dürstenden praktisch auswirken könnte, kann an der Darstellung einer Tugend deutlich werden, die das talmudische Judentum *chessed* (*Liebe, Barmherzigkeit, Mitleid*) nennt. Aharon Agus, ein großer Gelehrter des Talmuds, den wir noch persönlich kennengelernt haben (er lehrte an der Hochschule für Jüdische Studien, Heidelberg, talmudisches Judentum, er starb 2002) macht an folgender Typologie deutlich, worin *chessed* besteht (das Zitat stammt aus dem Talmud): „Vier Arten (finden sich) beim Menschen. Derjenige, der sagt, meines ist meines und deines ist deines. Das ist (die) durchschnittliche Art – es gibt aber (welche, die) sagten: Dies ist die Art von Sodom.' Anschließend wird die zweite Art vorgestellt: ‚Meines ist deines, und deines ist meines. (So spricht der) Ungebildete.' Schließlich folgt die Aufzählung der dritten Art: ‚Meines ist deines, deines ist deines. (So spricht der) *chassid*.' [...] Die vierte Art lautet: ‚Deines ist meines, und meines ist meines. (So spricht der) Böse.'" Agus kommentiert: „Die Kategorie von *chessed* [wird] im rabbinischen Judentum in dem Paradigma erfasst: Besitz aufgeben ohne die geringste Hoffnung, etwas davon zurückzuerhalten. [...] Auch Jesus von Nazareth war davon überzeugt, dass jeglicher Besitzanspruch aufzugeben sei, um ihm selbst folgen zu können. [...] In diesem Sinne vertritt er eine Überzeugung der Mischna der chassidim: ‚Meines ist deines und deines ist deines.'"[205] Ähnliches findet sich auch in den ersten Gemeinschaften des Christentums, so wie sie im Neuen Testament dargestellt werden. Von der Gemeinde in Jerusalem in ihren Anfängen berichtet die Apostelgeschichte: „Die Menge derer aber, die gläubig wurden, war ein Herz und eine Seele; und auch nicht einer sagte, dass etwas von seiner Habe sein eigen sei, sondern es war ihnen alles gemeinsam. [...] Denn es war auch keiner bedürftig unter ihnen, denn so viele Besitzer von Äckern oder Häusern waren, verkauften sie und brachten den Preis des Verkauften und legten ihn nieder zu den Füßen der Apostel; es wurde aber jedem zugeteilt, so wie einer

Bedürfnis hatte."[206] Zwar kommt eine Politik der Nachhaltigkeit nicht an den Grenzen zwischen Mein und Dein vorbei. Denn im Rahmen von Umverteilungen muss sie die Grenzen zwischen Mein und Dein verschieben und eventuell neu definieren. Aber es wird ihr, soweit sie Politik ist, nicht möglich sein, die Macht, die diese Grenzen auf das gewöhnliche Bewusstsein der meisten Menschen ausüben, abzuschaffen. Die Befreiung von allen einengenden Vorstellungen, die Mein und Dein in uns hervorrufen – dazu bedarf es des Außergewöhnlichen im Sinne der Befreiung von der Macht der Gewohnheiten: der Umkehr.

Was wir hier gesagt haben, verdichtet sich, wird abgerundet und gewissermaßen überhöht in der Charakteristik, die Laudato si' von der ökologischen Umkehr bietet: „Diese Umkehr setzt verschiedene Grundeinstellungen voraus, die sich miteinander verbinden, um ein großherziges und von Zärtlichkeit erfülltes Umweltengagement in Gang zu bringen. An erster Stelle schließt es Dankbarkeit und Unentgeltlichkeit ein, das heißt ein Erkennen der Welt als ein von der Liebe des himmlischen Vaters erhaltenes Geschenk. Daraus folgt, dass man Verzicht übt, ohne eine Gegenleistung zu erwarten, und großzügig handelt, auch wenn niemand es sieht oder anerkennt: ‚Deine linke Hand [soll] nicht wissen, was deine rechte tut [...] und dein Vater, der auch das Verborgene sieht, wird es dir vergelten.' (Matthäus 6,3-4) Es schließt auch das liebevolle Bewusstsein ein, nicht von den anderen Geschöpfen getrennt zu sein, sondern mit den anderen Wesen des Universums eine wertvolle allumfassende Gemeinschaft zu bilden."[207]

13

Rückblick und Ausblick

Zu Beginn (Kap. 2) haben wir von einer persönlichen Erfahrung gesprochen, nämlich von der Teilnahme an einer regelmäßigen Gesprächsrunde (CoEEE) über Laudato si' zwischen einer Gruppe von Forschern der Ökologischen Ökonomie (Ecological Economics) und zuständigen Stellen des Vatikans. Kleriker und Theologen auf der einen Seite, Forscher aus den Natur-, Wirtschafts- und Sozialwissenschaften von heute auf der anderen Seite sollten Impulse aus der Enzyklika aufgreifen, um sich gemeinsam und mit einer Stimme für eine nachhaltige Entwicklung einzusetzen. Dazu ist es nicht gekommen. Denn in den Gesprächen war unbemerkt eine tiefe Kluft gegenwärtig, die den Austausch erschwerte. Es war die Kluft zwischen einer säkularen Welt und der Welt der Religion, wie sie die Katholische Kirche repräsentiert. Die Wissenschaft hat ihren Platz auf dem Boden einer Gesellschaft, in der die Freiheit des Individuums letzter Referenzpunkt aller Werte ist, während für die Kirche der Blick auf Gott, Mensch und Schöpfung und ihren unlösbaren Zusammenhang maßgeblich ist. Im CoEEE kam es zwischen den beiden Seiten nicht zu einem Konflikt, wohl aber machte sich die Kluft zwischen ihnen manchmal durch eine Art Sprachlosigkeit bemerkbar, deren Ursachen meistens verborgen blieben.

Unsere Ausführungen in diesem Buch wurden durch die Überzeugung angeregt, dass sich hinter den Problemen der Kommunikation im CoEEE eine grundsätzliche Problematik eröffnete: Ist ein fruchtbarer Austausch zwischen einer säkularen Welt, in der der individuell persönlichen Suche nach dem Glück ein hoher, wenn nicht der höchste Stellenwert eingeräumt wird,

R. Manstetten und M. Faber, *Ist die Welt noch zu retten?*, https://doi.org/10.1007/978-3-662-71819-3_13

und einer religiösen Institution, die ihre Autorität aus der Bibel und ihrer theologischen Deutung bezieht, überhaupt möglich?

In unserem Buch haben wir uns das Ziel gesetzt, säkulare Positionen und Positionen des kirchlichen Lehramts „an einen Tisch zu bringen". Eine der größten Schwierigkeiten dabei ist der Umgang mit den ganz unterschiedlichen Denkformen und Sprechweisen beider Seiten. Treffen sie aufeinander, erscheint es geradezu natürlich, dass man aneinander vorbeiredet. Unser Beitrag ist daher ein Versuch, beide Positionen in sich und für sich transparent zu machen und sie in einer Sprache zu formulieren, die sie offen und zugänglich werden lässt für ein Zuhören von der jeweils anderen Seite.

Die Leitfrage unseres Buches „Ist die Welt noch zu retten?" verweist auf das, was beiden Seiten gemeinsam ist: Das Interesse, Umstände zu bewahren oder neu zu schaffen, die es ermöglichen, dass Menschen auf der Erde ein gutes Leben führen können. Dieses Interesse schließt die Kritik an Lebensweisen und Verhältnissen ein, die die natürlichen Grundlagen des Lebens und die Grundlagen des menschlichen Zusammenlebens gefährden. Wir haben den Begriff der nachhaltigen Entwicklung sowohl aus säkularer als auch aus biblischer Perspektive untersucht und gezeigt, dass es Brückenbegriffe wie Gerechtigkeit gibt, die beide Seiten in Verbindung bringen. Ein besonderes Anliegen war es uns, den Begriff der Freiheit zunächst in seinen säkularen Dimensionen darzustellen, insbesondere im Horizont des Klassischen Liberalismus, um anschließend deutlich zu machen, dass die Begrifflichkeit der Umkehr, wie sie in Laudato si' präsent ist, ihm eine Vertiefung gibt, die auch für nicht religiöse Menschen Bedeutung gewinnen kann.

Dem „techno-ökonomischen Paradigma", das Papst Franziskus für einen Hauptirrtum der Neuzeit und Moderne hält, haben wir ausführliche Überlegungen gewidmet. Über das hinaus, was wir dazu gesagt haben, muss man heute hinzufügen: Der technisch-ökonomische Fortschritt scheint zu einer Zeit, da Künstliche Intelligenz mit ungeheurer Geschwindigkeit in alle Lebensbereiche eindringt, unaufhaltsam. Angesichts der Aufgabe, die Lebensgrundlagen einer Menschengattung zu sichern, die kurz nach der Mitte dieses Jahrhunderts die Schwelle von zehn Milliarden Individuen erreichen wird, ist eine pauschale Verwerfung des technisch-ökonomischen Paradigmas nicht angebracht. Zugleich aber sind die radikalen Anfragen der Enzyklika durchaus berechtigt. Unsere Ausführungen zum Mammon sollten verdeutlichen, dass in säkularen Gesellschaften, deren Politik und Wirtschaft auf die Anhäufung von Mitteln des Lebens fokussiert ist, die Gefahr besteht, dass unter dem Antrieb, die Mittel des Lebens bis ins anscheinend Grenzenlose zu vermehren, der Sinn für das Leben selbst verloren geht. Das Bewusstsein für diese Problematik und das Vertrauen, dass Religion und speziell die

Botschaft des Christentums derartigen Gesellschaften Wesentliches zu sagen hat, prägt die Enzyklika Laudato si' in ihrem gesamten Duktus.

Wir haben die Distanz der Enzyklika zum Liberalismus hervorgehoben. In einem wesentlichen Punkt aber ist sich Laudato si' mit Vertretern des Klassischen Liberalismus wie Immanuel Kant und Adam Smith einig. In ihrer Ethik vertreten sie einen universalistischen Anspruch, sie formulieren ihre Postulate im Horizont der ganzen Menschheit. Bei aller Unterschiedenheit der Standpunkte begegnen sie sich durch ihren Universalismus mit einer Kirche, die sich selbst als katholisch (allumfassend) bezeichnet, um damit deutlich zu machen, dass es ihr um eine Verbindlichkeit geht, die keinen Menschen ausschließt. Diese Verbindlichkeit wird für Papst Franziskus insbesondere da konkret, wo er auf den Zusammenhang von Klimakrise, sozialer Ungerechtigkeit und Migrationsströmen aufmerksam macht.[208] Er sieht darin Aufgaben, die von der ganzen Menschheitsfamilie angegangen werden müssen. Zu den Schwierigkeiten, die dabei auf lokaler, regionaler oder nationaler Ebene auftreten, sagt Laudato si' nichts. Aber die Enzyklika erinnert deutlich daran, dass soziale Ungerechtigkeit und lebensfeindliche Veränderungen der Umwelt an *einer* Stelle der Welt Sache der *ganzen* Menschheit sind. In einer Zeit, in der die Wege der Flüchtenden oft über weite Meere hinweg führen, kann ein Wort von Meister Eckhart auf die ökologische Umkehr bezogen werden: Wer diese Umkehr erfahren hat, der „muss dem Menschen, der jenseits des Meeres ist, den er mit Augen nie gesehen hat, ebensowohl Gutes gönnen wie dem Menschen, der bei ihm ist und sein vertrauter Freund ist".[209]

Säkulare Positionen und Positionen des kirchlichen Lehramts an einen Tisch zu bringen, bedeutet nicht, dass säkular eingestellte Menschen einfach übernehmen sollten, was die Enzyklika Laudato si' ihnen mitteilen möchte. Wohl aber bedeutet es, dass die Worte von Papst Franziskus auch bei den Säkularen Verständnis und Gehör finden sollten. Gleichermaßen aber bedeutet es auch eine Aufforderung an die säkulare Welt, Antworten, auch kritische Antworten auf die Worte des Papstes zu formulieren, und es bedeutet nicht zuletzt eine Aufforderung an die Kirche – und an Religion überhaupt – ihrerseits auf solche Antworten zu hören und sie ernst zu nehmen.

Für die kommenden Jahre und Jahrzehnte bedarf es bei allen, die sich für eine nachhaltige Entwicklung einsetzen, der Orientierung an der Idee der Gerechtigkeit, der Bereitschaft, Verantwortung zu übernehmen und eines Sinnes für das Machbare und für die Grenzen der Machbarkeit. Alles das mag eine säkulare Welt aus sich selbst heraus erarbeiten, auch wenn ihr unserer Ansicht nach Impulse aus der Religion dabei sehr hilfreich sein könnten. Darüber hinaus aber bedarf der Einsatz für Nachhaltigkeit gerade in schwierigen Zeiten ganz besonders des Vertrauens, der Hoffnung und der Zuversicht. Auf diese Kräfte hinzuweisen und diejenigen Quellen zu nennen, die sie aus dem Geist des Christentums speisen, ist ein großes Verdienst von Laudato si'.

Anmerkungen

1. LS 62.
2. LS 14.
3. Diese Formulierung findet sich in der Ode „Heidelberg" von Friedrich Hölderlin (Hölderlin 1969, 17).
4. Dieses Gremium wurde von Kardinal Peter Turkson einberufen, Kardinalpräfekt des „Dikasteriums für den Dienst zugunsten der ganzheitlichen Entwicklung des Menschen".
5. Noch zu Beginn des 19. Jahrhunderts galt die Philosophie als diejenige Disziplin, in der beide Seiten zu ihrem Recht kommen könnten. Die großen Entwürfe des Deutschen Idealismus, vor allem in Gestalt der Philosophie von Georg Wilhelm Friedrich Hegel, enthalten eindrucksvolle Versuche einer Synthesis. Aber die Kluft, von der hier die Rede ist, hat sich – lange vorbereitet vom Rationalismus des 17. und der Aufklärung des 18. Jahrhunderts – mit der philosophisch begründeten Religionskritik in zweiten Viertel des 19. Jahrhunderts und dem Evolutionsparadigma des Darwinismus derart aufgetan, dass seitdem vielfach angenommen wird, Wissenschaft (in Gestalt der Naturwissenschaften) und Glaube würden sich ausschließen. Als die Katholische Kirche 1864 mit dem „Syllabus errorum" (siehe unten Kap. 4) derartigen Entwicklungen entgegenzutreten versuchte, hat sie diese Kluft noch vertieft. Dass die Erkenntnisse der modernen Naturwissenschaften weder der Botschaft der Bibel noch den Kernpunkten der christlichen Lehre widersprechen, wird in unserer Zeit vor allem vonseiten der Theologie durchaus reflektiert (vgl. etwa Benk 2000 und Audretsch/ Nagorni 2007). Die Ablehnung der Evolutionstheorie durch christliche Fundamentalisten ist daher sachlich ebenso wenig begründet wie die (säkulare) Vorstellung, die Naturwissenschaften nach Darwin hätten die biblischen Schöpfungsberichte widerlegt. In konkreten Auseinandersetzungen zwischen Wissenschaftlern und Theologen zeigt sich allerdings

© Der/die Herausgeber bzw. der/die Autor(en), exklusiv lizenziert an Springer-Verlag GmbH, DE, ein Teil von Springer Nature 2025
R. Manstetten und M. Faber, *Ist die Welt noch zu retten?*,
https://doi.org/10.1007/978-3-662-71819-3

häufig, dass die Kluft im praktischen Dialog kaum zu überwinden ist – schon deswegen, weil Glaube und Wissenschaft verschiedene Sprachen sprechen, ohne dass es gelingende Übersetzungen gibt.

6. In der einen Person Jesus Christi, so legte das Konzil zu Chalcedon fest, sind zwei Naturen gegeben: göttliche und menschliche Natur. Diese sind in Jesus Christus unvermischt und ungetrennt.

7. LS 2.

8. Zur Herkunft und theologischen Begründung der Vorstellung, die Schöpfung sei das „Lebenshaus für alle Lebendigen", s. Löning/ Zenger (1997, 142).

9. Lukas 1,37. Wo nicht anders angegeben, entnehmen wir die Übersetzungen biblischer Stellen der Lutherbibel in der Revision von 2017.

10. Vgl. Hebräer 11,1. (Nach: Einheitsübersetzung von 2017)

11. Diese Formulierung in der deutschen Übersetzung der Enzyklika klingt unschön. Besser heißt es im Englischen von Gott dem Schöpfer: „He never forsakes his loving plan."

12. LS 13.

13. Vgl. etwa LS 72 u. 76.

14. LS 11, 12, 218.

15. LS 50. Die Enzyklika zitiert hier: Päpstlicher Rat für Gerechtigkeit und Frieden, Kompendium der Soziallehre der Kirche, Freiburg 2006, 483.

16. LS 54.

17. LS 56.

18. LS 56. Die Enzyklika zitiert hier das Apostolische Schreiben „Evangelii gaudium" („Freude des Evangeliums") von Papst Franziskus aus dem Jahre 2013.

19. LS 171.

20. LS 211.

21. LS 211.

22. LS 211.

23. Vgl. Kant (1975b, 6. Satz, 41, A 397).

24. Johannes 3,17.

25. Misereor: https://www.misereor.de/mitmachen/gemeinden-gruppen/enzyklika-laudato-si

26. Johannes 18,36.

27. LS 13.

28. *Syllabus errorum* (1864/2005).

29. So wurde im Zweiten Vatikanischen Konzil in der Erklärung „Dignitatis humanae" ausdrücklich die Religionsfreiheit, das heißt das Recht auf Wahl der Religion aufgrund der je persönlichen unhintergehbaren Gewissensentscheidung, anerkannt. Dass es ein solches Recht gebe, wurde im „Syllabus errorum" explizit verworfen.

30. Kant (1975a, 53, A 481).

31. Vgl. Kant (1975a, 68, A 490).

32. Gräb (2004, 785 f.).

33. Ibd.
34. Ibd.
35. Ibd.
36. Ibd.
37. Die Enzyklika Laudato si' vermeidet den Begriff Kapitalismus. Dieser wird nicht selten ungenau und manchmal geradezu irreführend verwendet. Vgl. hierzu Petersen/ Faber (2018, Kapitel 20).
38. Vgl. etwa Glasersfeld (1992).
39. Vgl. etwa Buchanan (1984), dazu Petersen (1996).
40. Enzyklika „Veritatis splendor" („Glanz der Wahrheit") von 1993, zitiert nach Denzinger (2005, Ziffer 84).
41. LS 6.
42. LS 122.
43. LS 123.
44. Vgl. Manstetten (1997).
45. LS 122 u 123.
46. Ibd.
47. Manstetten/ Hottinger/ Faber (1998). Wiederabdruck in Faber/ Manstetten (2010, Kapitel 3).
48. Vgl. hierzu Krohn (2023).
49. Vgl. LS 2. Dort wird von „Krankheitssymptomen" gesprochen, „die wir im Boden, im Wasser, in der Luft und in den Lebewesen bemerken".
50. Vgl. LS 2, 8 und 66.
51. LS 140.
52. LS 102.
53. LS 53.
54. LS 101.
55. LS 53. Vgl. dazu die ausführlichen Erörterungen in LS 102–114.
56. Schäfer (1993).
57. Schäfer (1993, 102 f.).
58. Ibd.
59. Schäfer (1993, 106).
60. Schäfer (1993, 107).
61. Smith (1978, 282).
62. Hirschman (1987, 116).
63. Lukas, 12,15.
64. 1. Timotheus 6,10.
65. Vgl. Hirschman (1987, 72).
66. Smith (1978, 371).
67. Ibd.
68. Smith (1978, 14).
69. Marx/ Engels (1848/1959, 467). Manifest der Kommunistischen Partei.

70. Dass Keynes in seinen Ansichten ziemlich weit vom Klassischen Liberalismus, noch weiter allerdings von jeder Art Antiliberalismus entfernt war, bezeugt u.a. sein persönliches Bekenntnis „Am I a Liberal?" von 1925 (Keynes 1963, 323–338).
71. Diese Wiedergabe der Gedanken von Keynes ist entnommen aus Manstetten (2018, 231f.). Die Keynes-Zitate wurden übersetzt von Manstetten aus Keynes (1963, 363f.).
72. LS 102.
73. Keynes (1963, 373), von den Autoren übersetzt.
74. Manstetten (2018, 231).
75. Keynes (1963, 372). Economic Possibilties for our Grandchildren. Im Original: „Fair is foul and foul is fair", eine Anspielung auf die Worte der Hexen in „Macbeth" von Shakespeare. Siehe Manstetten (2018, 231).
76. Lienemann (1983, 167).
77. Marx (1844/1956, 385).
78. Marx (1843/1956, 355).
79. Vgl. „Die neue menschliche Agenda" in Harari (2018, 9–111).
80. LS 104.
81. Schelling (1809/1997, 28 f.).
82. Eine der seltenen Ausnahme ist das vor mehr als 150 Jahren erschienene Buch „The Coal Question" von William Stanley Jevons (Jevons 1865) über die zu erwartende Verknappung der Kohle in Großbritannien und ihre wirtschaftlichen Folgen.
83. Es gibt allerdings bedeutende Ausnahmen. Zu nennen sind hier z.B. Johann Wolfgang von Goethe (1749–1832), Friedrich Hölderlin (1770–1843), Friedrich von Hardenberg (Novalis, 1772–1801), William Wordsworth (1770–1850) oder Henry David Thoreau (1817–1862). Zu Goethe vgl. Binswanger/ Faber/ Manstetten (1990). Zu Novalis, Wordsworth und Thoreau vgl. Becker (2003).
84. Schefold (2001, 17).
85. Benjamin sah die europäische Sozialdemokratie als Trägerin des hier vorgestellten Fortschrittskonzepts, er sah, wie es sich „in den Köpfen der Sozialdemokraten malte"..
86. Benjamin (1974, 700).
87. Meadows et. al. (1972, 17). In den Jahren 1992 und 2012 wurden die Statistiken und Prognosen des Club of Rome jeweils auf den neuesten Stand gebracht.
88. Hauff (1987, 46).
89. LS 53.
90. Nussbaum (1998), Sen (2010). Vgl. auch Manstetten (2018, 377–387).
91. Sen (2002, 50).
92. Vgl. hierzu auch Kloth-Manstetten (2024): Teil 3, Kap. 11 und 12 mit weiteren Literaturhinweisen.

93. https://www.welthungerhilfe.de/informieren/themen/klimawandel/earth-overshoot-day-welthungerhilfe
94. Vgl. Piketty (2023): insbesondere Teil IV, „Die Regulierung des Kapitals im 21. Jahrhundert".
95. WBGU (2011). Vgl. hierzu Manstetten/ Kuhlmann/ Faber/ Frick (2021).
96. Vgl. z.B. Paech (2012) und Felber (2018).
97. Mit solchen Vorstellungen ist man in einer gewissen Nähe zu Laudato si'. Denen, die beispielsweise durch vermeidbare Flugreisen, üppige Nutzung des Automobils oder den Kauf von ressourcenintensiven Produkten offensichtlich nicht nachhaltig handeln, soll ein schlechtes Gewissen gemacht werden. Allerdings ist zu beachten, dass in säkularen Kontexten die Bedeutung von Ausdrücken wie *schlechtes Gewissen* unklar bleibt, wenn damit mehr ausgesagt werden soll als eine Art Gestimmtheit von Unzufriedenheit mit dem eigenen Tun. Zum Gewissen im eigentlichen Sinn gehört ein Gegenüber, eine letzte Instanz, auf die es seinem Wesen nach bezogen ist. Im theistischen Glauben wird diese Instanz *Gott* genannt. Ob eine solche etwa durch den *unparteiischen Zuschauer* im Sinne Adam Smiths oder den inneren *Gerichtshof der Vernunft* im Sinne Immanuel Kants ersetzt werden kann, mag hier offenbleiben.
98. Hayden-Roy (2022, 34).
99. Diese Aussage findet sich in Sophokles, „Oidipus Tyrannos", Zeile 873. *Selbstmächtiger Herrscher* scheint uns eine geeignete Übersetzung des griechischen Ausdrucks *Tyrannos*, der nicht den Tyrannen im modernen Sinn bezeichnet, sondern einen Herrscher, dessen Herrschaft durch keine menschliche Macht außer ihm selbst beschränkt erscheint.
100. Jonas (1979).
101. Jonas (1979, 36).
102. Weber (1994, 75, 84).
103. Vgl. LS 14.
104. Siehe zum Folgenden Baumgärtner/ Faber/ Schiller (2006): Teil III „Ethics", insbesondere 225–229.
105. Vgl. hierzu Klauer/ Manstetten/ Petersen/ Schiller (2013).
106. Numeri; 4. Mose, 14,18.
107. Vgl. Schelling (1809/1997, 25).
108. Dass in aller Sünde auch eine wesenhafte Unfreiheit liegt, kann hier nicht weiter ausgeführt werden. Diese Unfreiheit steht aber nicht im Widerspruch zur Einsicht der Person, die sich ihrer Sünde derart bewusst wird, dass sie weiß, aus Freiheit gesündigt zu haben. Besonders eindringlich äußert sich hierzu Sören Kierkegaard in „Die Krankheit zum Tode", 2. Abschnitt (Kierkegaard 1976, 109–177).
109. LS 66.
110. LS 66.
111. LS 2.

112. Auf eine den Rahmen der persönlichen Schuld überschreitende Vorstellung von Sünde kommen wir weiter unten (9.2.) zu sprechen.
113. Katechismus der Katholischen Kirche (1995, Artikel 1849). Dieser Katechismus wird von seinen Autoren als eine Fortsetzung und Frucht des Zweiten Vatikanischen Konzils (1962–1965) verstanden.
114. Teresa von Avila (1979, 22).
115. Katechismus der Katholischen Kirche (1995, Artikel 1849).
116. Eckhart (1965, 612 ff.). Vgl. Manstetten (1993, 407–426).
117. Schelling, (1809/1997, 38).
118. LS 122.
119. Aristoteles (2003, 258 ff.): Nikomachische Ethik, IX, 8, 1168 a 28 – 1169 b 2.
120. Eckhart (1979, 323): Predigt „Scitote quia prope est regnum dei". („Wisset, dass das Reich Gottes Euch nahe ist")
121. Katechismus der Katholischen Kirche (1997, Artikel 1868 und 1869).
122. Eckhart (1979, 72): Traktat 12 in „Die Reden der Unterweisung".
123. Matthäus 4,17.
124. Schnackenburg (1950, 1).
125. LS 218.
126. LS 219.
127. LS 218.
128. Apostelgeschichte 17,28.
129. Johannes 1,9.
130. LS 219.
131. Tadashi (2002, 90).
132. Genesis; 1. Mose 19,1–28.
133. Genesis; 1. Mose 18,32.
134. Sprüche 13,21-22.
135. Psalm 81,12-13.
136. Jeremia 18,12.
137. Deuteronomium; 5. Mose 32,9–25.
138. 2. Chronik 7,13-14.
139. LS 219.
140. Jona 3,4–10.
141. Dass Umkehr jeweils die singuläre Person betrifft, legen manche Stellen des Neuen Testamentes nahe. Vgl. etwa Matthäus 24,39–41: „Beim Kommen des Menschensohns [...] werden zwei auf dem Felde sein; der eine wird angenommen, der andere wird preisgegeben. Zwei Frauen werden mahlen mit der Mühle; die eine wird angenommen, die andere wird preisgegeben." Diejenigen aber, die Umkehr erfahren haben, sind indes *herausgerufen*, sich zu einer Gemeinschaft zusammenzuschließen. Das sind die Wurzeln der Kirche, der „Ekklesia", was „die Herausgerufene" bedeutet.

142. In der Theologie spricht man anschließend an eine von Koch (1991) veröffentlichte Untersuchung vom Tun-Ergehen-Zusammenhang, einer Art Vergel-
tungslogik, die besagt, dass menschliches Verhalten (Tun) in direktem Zusammenhang mit dem persönlichen Schicksal (Ergehen) steht.

143. Kohelet 8,14.

144. Platon (1971, 107): Politeia, Buch II, 361 e – 362 a. Dietrich Kurz, der Bearbeiter der Ausgabe, aus der wir hier zitieren, macht (ibd. in einer Fußnote)
anlässlich der Formulierung, der Gerechte werde *aufgeknüpft*, darauf aufmerksam, dass damit die „Pfählung" gemeint sei, „eine der Kreuzigung ähnliche
Hinrichtungsart".

145. Lukas 13,1–5.

146. Kohelet 3,19-20.

147. Römer 6,23.

148. Das Zitat stammt aus dem Prosatext „Das nächste Dorf" von Franz Kafka
(1970, 138).

149. Offenbarung 1,5.

150. LS 193.

151. An anderen Stellen scheint dies den Autoren von Laudato si' durchaus bewusst
zu sein, so etwa in den Abschnitten LS 216 bis 221.

152. In der lateinischen Bibelübersetzung des Hieronymus, der „Vulgata", die für
Katholiken bis weit in die Neuzeit hinein den maßgeblichen Bibeltext bot,
wurde der griechische Ausdruck beibehalten. Sie beginnt mit den Worten
„Apocalypsis Iesu Christi". So ist das griechische Wort Apokalypse in die Sprache der Römisch-Katholischen Kirche eingegangen.

153. Wikipedia, „Apokalypse", abgerufen am 17.5.2025.

154. Offenbarung 21,3–5.

155. Offenbarung 6,12–17.

156. Jesaja 24,1–6.

157. Matthäus 24,22.

158. Dass „sich ein Volk gegen das andere erheben [wird] und ein Königreich gegen
das andere; und [...] Hungersnöte sein [werden] und Erdbeben hier und dort"
ist, so Jesus von Nazareth, „der Anfang der Wehen". (Matthäus 24,7 f.).

159. Offenbarung 21,1 und 4.

160. Christian Jakob hat in seinem Buch „Endzeit. Die neue Angst vor dem Weltuntergang und der Kampf um unsere Zukunft" (Jakob 2023) versucht zu zeigen, „wie sich der Glaube an eine bessere Zukunft bewahren lässt, ohne die
Krisenhaftigkeit zu leugnen und den Ängsten vieler Menschen ihre Berechtigung zu nehmen". (Klappentext)

161. Vgl. Markus 1,14-15: Jesus kam „nach Galiläa und predigte das Evangelium
Gottes und sprach: Die Zeit [*Kairos*, die Autoren] ist erfüllt, und das Reich
Gottes ist nahe herbeigekommen. Kehret um und glaubt an das Evangelium!"

162. Galater 2,20.

163. Agus (1999, 163).

164. Markus 9,23.
165. Schnackenburg (1950, 13).
166. Entsprechend heißt es bei Jesaja in Kapitel 45,8: „Taut, ihr Himmel, von oben, ihr Wolken, lasst Gerechtigkeit regnen! Die Erde tue sich auf und bringe das Heil hervor, sie lasse Gerechtigkeit sprießen. Ich, der HERR, erschaffe es." (Nach: Einheitsübersetzung der Bibel von 2017)
167. 1. Korinther 3,6.
168. Epheser 5,16.
169. Matthäus 25,13. (Nach: Einheitsübersetzung der Bibel von 2017)
170. Kant (1975b, 41, A 397). Ideen zu einer allgemeinen Geschichte... Die Hervorhebungen stammen von Kant.
171. Ibd.
172. Der Homo politicus ist eine Kategorie, die nicht etwa ein wirklichkeitsfremdes Ideal des Menschen beschreibt, sondern Verhalten und Handeln wirklicher Menschen zu erfassen vermag. Vgl. hierzu Petersen/ Faber (2000) und Faber/ Manstetten/ Rudolf/ Frick/ Becker (2023, 47–63).
173. Vgl. Faber/ Manstetten/ Rudolf/ Frick/ Becker (2023, Kapitel 7 und 6).
174. Vgl. die Ausführungen über Unwissen in Faber/ Manstetten/ Rudolf/ Frick/ Becker (2023, 151–164).
175. Hebräer 11,1. Die Übersetzung ist der Elberfelder Studienbibel (Alternativübersetzung gemäß der Fußnote) entnommen.
176. Reinhold Niebuhr, hier zitiert nach Wikipedia, „Gelassenheitsgebet", abgerufen am 17.5.2025.
177. WBGU (2011). Eine ausführliche Auseinandersetzung mit dem Gutachten haben die Autoren zusammen mit anderen veröffentlicht: Manstetten/ Kuhlmann/ Faber/ Frick (2021).
178. Vgl. z.B. Umweltbundesamt (2025).
179. Matthäus, 6,24.
180. Vgl. Kap. 5.
181. Aristoteles (1994, 64f.): Politik, Buch 1, 1257b 32–1258a 14.
182. Matthäus 6,25 u. 33 f.
183. Lukas 16,9. Die meisten Bibelübersetzungen sprechen an dieser Stelle vom ungerechten Mammon. Der entsprechende Ausdruck im griechischen Urtext ist jedoch wörtlich mit *Mammon der Ungerechtigkeit* wiederzugeben.
184. Faber/ Petersen (2008, 410–416).
185. LS 216–221.
186. LS 217.
187. LS 217.
188. Pieper (1953, 36).
189. Nikolaus von Kues (1964, 305).
190. Sieh hierzu Sturm (1996).
191. So spielt die Lehre von der plötzlichen Erleuchtung (satori) etwa im Chan-Buddhismus (japanisch: Zen) eine bedeutende Rolle.

192. Vgl. Manstetten (2024). Dort werden Themen, die hier nur knapp behandelt werden, ausführlich untersucht.
193. 1. Korinther 7,29–32. (Nach: Elberfelder Bibel von 2006)
194. Die in diesem Abschnitt kursiv gesetzten Formulierungen entstammen der Predigt des Meister Eckhart „Intravit Iesus in quoddam castellum" („Jesus kam hinauf in ein Bergdorf"). Vgl. Eckhart (1979, 283 u. 285).
195. LS 234.
196. LS 234.
197. Thoreau (2007). Vgl. hierzu insbesondere die gründliche Studie von Becker (2003).
198. LS 220.
199. LS 122.
200. Ibd.
201. Smith (1985, 204).
202. Vgl. Smith (1985, 129), vgl. auch Manstetten (1997, 249 ff.).
203. Smith (1985, 258).
204. Matthäus 5,6.
205. Aus den Traktat „Avot", hier wiedergegeben mit den Kommentierungen von Agus (2001, 96–98). Das Zitat in dieser Form findet sich in Manstetten (2018, 476).
206. Apostelgeschichte 4,32–35. Diese besonders wortgetreue Übersetzung des griechischen Originaltextes ist der Elberfelder Bibel von 2006 entnommen.
207. LS 220.
208. LS 175.
209. Eckhart (1979, 179): Predigt „In hoc apparuit caritas die in nobis." („Daran ist die Liebe Gottes zu uns offenbar geworden")

Literatur

Agus, A. (1999). Hermeneutik und Erfahrung. Innere und apokalyptische Zeit. In: ders., Heilige Texte. Wilhelm Fink Verlag, 152–172.

Agus, A. (2001). Das Judentum in seiner Entstehung. Grundzüge rabbinisch-biblischer Religiosität. Kohlhammer.

Aristoteles (1994). Politik. Susemihl, F. (Üs.)/ Kullmann, W. (Üs. u. Hg.). Rowohlts Enzyklopädie.

Aristoteles (2003). Nikomachische Ethik. Dirlmeier, F. (Üs.), Schmidt, E. A. (Anmerkungen). Bibliographisch ergänzte Auflage. Reclam.

Audretsch, J./ Nagorni, K. (Hg.) (2007). Zwei Seiten der einen Wirklichkeit. Bilanz und Perspektiven des Dialogs zwischen Naturwissenschaft und Theologie. Evangelische Akademie Baden. Herrenalber Forum Bd. 49.

Bacon, F. (2005). Neu-Atlantis. Richter, J. T. (Üs.). Reclam.

Bacon, F. (2013). Valerius Terminus of the Interpretation of Nature. Tredition Classics.

Baumgärtner, S./ Faber, M./ Schiller, J. (2006). Joint Production and Responsibility in Ecological Economics. On the Foundations of Environmental Politics. Edward Elgar.

Becker, Ch. (2003). Ökonomie und Natur in der Romantik. Das Denken von Novalis, Wordsworth und Thoreau als Grundlegung der ökologischen Ökonomik. Metropolis.

Becker, Ch./ Faber, M./ Hertel, K./ Manstetten, R. (2005). Malthus vs. Wordsworth: Perspectives on humankind, nature and economy. A contribution to the history and the foundations of ecological economics. In: Ecological Economics 53(3), 299–310.

Benjamin, W. (1974). Über den Begriff der Geschichte. In: ders., Gesammelte Schriften, Bd. I. Tiedemann, R. (Hg.). Suhrkamp, 691–704.

Benk, A. (2000). Moderne Physik und Theologie. Voraussetzungen und Perspektiven eines Dialogs. Matthias-Grünewald-Verlag.

Binswanger, H. C./ Faber, M./ Manstetten, R. (1990). The dilemma of modern man and nature: an exploration of the Faustian imperative. In: Ecological Economics 2(3), 197–223.

Buchanan, J. (1984). Die Grenzen der Freiheit zwischen Anarchie und Leviathan. Mohr Siebeck.

Daly, H. (2015). A Population Perspective on the Steady State Economy. In: real-world economics review 70, 106–109. http://www.paecon.net/PAEReview/issue70/Daly70.pdf

Denzinger, H. (2005). Kompendium der Glaubensbekenntnisse und kirchlichen Lehrentscheidungen. Hoping, H./ Hünermann, P. (Hg. u. Üs.). 40. Auflage. Herder.

Die Bibel nach der Übersetzung Martin Luthers (2017). Deutsche Bibelgesellschaft.

Die Bibel, Einheitsübersetzung (2017). Herder.

Die Bibel, Elberfelder Bibel (2006). R. Brockhaus/ Christliche Verlagsgesellschaft.

Eckhart (Meister Eckhart) (1965). Liber parabolorum Genesis. In: Die Lateinischen Werke (LW), Bd. I. Weiss, K. (Hg.). Kohlhammer, 447–702.

Eckhart (Meister Eckhart) (1979). Deutsche Predigten und Traktate. Quint, J. (Hg. u. Üs). Diogenes.

Enzyklika Laudato si'. Papst Franziskus (2018). Enzyklika Laudato si' von Papst Franziskus über die Sorge für das gemeinsame Haus. 4. Auflage. Sekretariat der Deutschen Bischofskonferenz (Hg.). Libreria Editrice Vaticana. https://www.vatican.va/content/francesco/de/encyclicals/documents/papa-francesco_20150524_enciclica-laudato-si.html

Enzyklika Veritatis Splendor. Papst Johannes Paul II. (1993). In: Denzinger (2005, 1500–1506). https://www.vatican.va/content/john-paul-ii/de/encyclicals/documents/hf_jp-ii_enc_06081993_veritatis-splendor.html

Faber, M./ Manstetten, R. (2010). Philosophical Basics of Ecology and Economy. Routledge. (Übersetzung aus dem Deutschen durch D. Adams: Mensch-Natur-Wissen. Grundlagen der Umweltbildung. Vandenhoeck & Ruprecht. 2003.)

Faber, M./ Petersen, T. (2008). Gerechtigkeit und Marktwirtschaft – das Problem der Arbeitslosigkeit. Perspektiven der Wirtschaftspolitik, 9(4), 405-423.

Faber, M./ Manstetten, R./ Proops, J. (1996). Ecological Economics. Concepts and Methods. Edward Elgar.

Faber, M./ Manstetten, R./ Rudolf, M./ Frick, M./ Becker, M. (2023). Nachhaltiges Handeln in Wirtschaft und Gesellschaft. Orientierung für den Wandel. (Englische Übersetzung: Sustainable Action in Economy and Society. Orientation for Change. Springer. 2024.)

Felber, C. (2018). Gemeinwohl-Ökonomie. Das Wirtschaftsmodell der Zukunft. Aktualisierte und erweiterte Ausgabe. Piper Verlag.

Glasersfeld, E. v. (1992). Aspekte des Konstruktivismus: Vico. Berkeley, Piaget. In: Rusch, G./ Schmidt, S. J. (Hg.). Konstruktivismus: Geschichte und Anwendung. Suhrkamp, 20–32.

Gräb, W. (2004). Säkularisation/ Säkularisierung, Ethisch. In: Die Religion in Geschichte und Gegenwart (RGG), Bd. VII. Betz, H. D./ Browning, D. S./ Janowski, B./ Jüngel, E. (Hg.). Mohr Siebeck, 785 f.

Harari, Y. N. (2020). Homo Deus: eine Geschichte von Morgen. Wirthensohn, A. (Üs.). 2. Auflage. C. H. Beck.

Hauff, V. (Hg.) (1987). Unsere gemeinsame Zukunft: der Brundtland-Bericht der Weltkommission für Umwelt und Entwicklung. 1. Auflage. Eggenkamp.

Hayden-Roy, P. A. (2022). Oedipus der Tyrann: zur Titelwahl und zum Begriff des „Tyrannen" in Hölderlins Übersetzung des Sophokleischen Oedipus Tyrannus. In: University of Nebraska, German Language and Literature Papers, 3–2022. https://digitalcommons.unl.edu/cgi/viewcontent.cgi?article=1033&context=modlanggerman

Hirschman, A. (1987). Leidenschaften und Interessen. Politische Begründungen des Kapitalismus vor seinem Sieg. Suhrkamp.

Hölderlin, Friedrich (1969). Gedichte – Hyperion. In: ders., Werke und Briefe. Beißner, F./ Schmidt, J. (Hg.). Bd. 1. Insel Verlag.

Homer (1975). Ilias. Schadewaldt, W. (Üs.). Insel Taschenbuch.

Jakob, Ch. (2023). Endzeit. Die neue Angst vor dem Weltuntergang und der Kampf um unsere Zukunft. Ch. Links Verlag.

Jevons, W. S. (1865). The Coal Question: An Inquiry Concerning the Progress of the Nation, and the Probable Exhaustion of Our Coal Mines. Macmillan & Co.

Jonas, H. (1979). Das Prinzip Verantwortung. Versuch einer Ethik für die technologische Zivilisation. Suhrkamp.

Kafka, F. (1970). Das nächste Dorf. In: ders., Sämtliche Erzählungen. Raabe, P. (Hg.). Fischer Taschenbuch.

Kant, I. (1975a). Beantwortung der Frage: Was ist Aufklärung? In: ders., Schriften zur Anthropologie, Geschichtsphilosophie, Politik und Pädagogik, Werke, Bd. VI. Weischedel, W. (Hg.). Wissenschaftliche Buchgesellschaft.

Kant, I. (1975b). Ideen zu einer allgemeinen Geschichte in weltbürgerlicher Absicht. In: ders., Schriften zur Anthropologie, Geschichtsphilosophie, Politik und Pädagogik, Werke, Bd. VI. Weischedel, W. (Hg.). Wissenschaftliche Buchgesellschaft.

Katechismus der Katholischen Kirche. Buchausgabe: Katholischer Erwachsenen-Katechismus (1995), Bd. 2: Leben aus dem Glauben. Herder u.a. Vgl. auch https://www.vatican.va/archive/ccc/index_ge.htm

Keynes, J. M. (1969). Am I a Liberal? In: ders., Essays in Persuasion. Norton & Company inc., 323–338.

Kierkegaard, S. (1976). Die Krankheit zum Tode. In: ders., Die Krankheit zum Tode und anderes. Diem, H./ Rest, W. (Hg.). dtv.

Klauer, B./ Manstetten, R./ Petersen, T./ Schiller, J. (2013). Die Kunst langfristig zu denken. Wege zur Nachhaltigkeit. Nomos. (Englische Übersetzung: Sustainability and the Art of Long-Term Thinking. Routledge. 2017)

Kloth-Manstetten, M. (2024). Die Wand aus Glas. Der menschliche Blick auf Tiere in Wissenschaft, Philosophie und Literatur. Karl Alber.

Koch, K. (1991). Gibt es ein Vergeltungsdogma im Alten Testament. In: ders., Spuren des hebräischen Denkens. Beiträge zur alttestamentlichen Theologie. Gesammelte Aufsätze, Bd. 1. Janowski, B./ Krause, M. (Hg.). Chr. Kaiser Verlag, 65–103.

Krohn, P. (2023). Ökoliberalismus. Warum Nachhaltigkeit die Freiheit braucht. Frankfurter Allgemeine Buch.

Lienemann, W. (1983). Fortschritt und Wirklichkeit. In: Lienemann, W./ Tödt, I. (Hg.) Fortschrittsglaube und Wirklichkeit. Arbeiten zu einer Frage unserer Zeit, Chr. Kaiser Verlag, 160–177. https://ub01.uni-tuebingen.de/xmlui/bitstream/handle/10900/152618/Lienemann_216.pdf?sequence=1&isAllowed=y

Löning, K./ Zenger, E. (1997). Als Anfang schuf Gott. Biblische Schöpfungstheologien. Patmos.

Luks, F. (2020). Hoffnung. Über Wandel, Wissen und politische Wunder. Metropolis.

Manstetten, R. (1993). Esse est Deus. Meister Eckharts christologische Versöhnung von Philosophie und Religion und ihre Ursprünge in der Tradition des Abendlandes. Karl Alber.

Manstetten, R. (1997). Das Menschenbild der Ökonomie. Der Homo oeconomicus und die Anthropologie von Adam Smith. Karl Alber.

Manstetten, R. (2018). Die dunkle Seite der Wirtschaft. Philosophische Perspektiven: Irrwege und Auswege. Karl Alber.

Manstetten, R. (2024). Meister Eckhart und das kontemplative Gebet der Gegenwart. In: Meister-Eckhart-Jahrbuch 18, Löser, F./ Schiewer, R. D./ Schiewer, H.-J. (Hg.). Kohlhammer, 217–244.

Manstetten, R./ Hottinger, O./ Faber, M. (1998). Zur Aktualität von Adam Smith: Homo oeconomicus und ganzheitliches Menschenbild. In: Homo oeconomicus 15(2). Accedo, 127–168. Wiederabdruck in: Faber, M./ Manstetten, R. (2014), Was ist Wirtschaft. Von der Politischen Ökonomie zur Ökologischen Ökonomie. 2. aktualisierte Auflage. Karl Alber, Kapitel 3.

Manstetten, R./ Kuhlmann, A./ Faber, M./ Frick, M. (2021). Grundlagen sozialökologischer Transformationen: Gesellschaftsvertrag, Global Governance und die Bedeutung der Zeit. In: ZEW Discussion Paper Nr. 21–034.

Marx, K. (1843/1956). Zur Judenfrage. In: Marx/ Engels Werke, MEW 1. Dietz Verlag, 347–377.

Marx, K. (1844/1956). Zur Kritik der Hegelschen Rechtsphilosophie. Einleitung. In: Marx/ Engels Werke, MEW 1. Dietz Verlag, 378-391.

Marx, K./ Engels, F. (1848/1959). Manifest der Kommunistischen Partei. In: Marx/ Engels Werke, MEW 4. Dietz Verlag, 459–493.

Meadows, D. H./ Meadows, D. L./ Randers, J./ Behrens, W. W. H. et al. (1972). Die Grenzen des Wachstums. Bericht des Club of Rome zur Lage der Menschheit. Heck, H.-D. (Üs.). Deutsche Verlagsanstalt (dva).

Nikolaus von Kues (1964) De Deo abscondito. In: ders., Philosophisch-Theologische Schriften, Bd. 1. Gabriel, L. (Hg.), Dupré, D./ Dupré, W. (Üs.). Herder, 299–310.

Norgaard, R. (2021). Norgaard's Thoughts After Reviewing Diverse Religious Statements on Climate Change. Mimeo.

Nussbaum, M. (1998). Gerechtigkeit und das gute Leben. Uzt, I. (Üs.). Suhrkamp.

Paech, N. (2012). Befreiung vom Überfluss. Auf dem Weg in die Postwachstumsökonomie. oekom.

Petersen, T. (1996). Individuelle Freiheit und allgemeiner Wille. Buchanans politische Ökonomie und die politische Philosophie. Mohr Siebeck.

Petersen, T./ Faber, M. (2000). Bedingungen erfolgreicher Umweltpolitik im deutschen Föderalismus. In: Zeitschrift für Politikwissenschaft 10(1), 5–41.

Petersen, T./ Faber, M. (2001). Der Wille zur Nachhaltigkeit. Ist, wo ein Wille ist, auch ein Weg? In: Birnbacher, D./ Brudermüller, G. (Hg.), Zukunftsverantwortung und Generationensolidarität. Schriften des Instituts für Angewandte Ethik e.V., Bd. 3, 47–71.

Petersen, T./ Faber, M. (2018). Karl Marx und die Philosophie der Wirtschaft. Unbehagen am Kapitalismus und die Macht der Politik. 4. überarbeitete und erweiterte Auflage. Karl Alber.

Pieper, J. (1953). Philosophia negativa. Zwei Versuche über Thomas von Aquin. Kösel.

Piketty, T. (2023). Natur, Kultur und Ungleichheit. Eine historische und vergleichende Betrachtung. Hansen, A. (Üs.). Piper.

Platon (1971). Politeia. Schleiermacher, F. (Üs.), Kurz, D. (Bearbeiter). In: ders., Werke in acht Bänden, griechisch und deutsch, Bd. IV. Wissenschaftliche Buchgesellschaft.

Rees, W. (2023). The human eco-predicament: Overshoot and the population conundrum. In: Vienna Yearbook of Population Research 21, 21–39.

Rees, W./ Cafaro, P. (2000). The Human Eco-Predicament: Overshoot and the Population Conundrum. In: Frontiers in Conservation Science 1, 1–11.

Schäfer, L. (1993). Das Bacon-Projekt: von der Erkenntnis, Nutzung und Schonung der Natur. Suhrkamp.

Schefold, B. (2001). Ökonomische Bewertung der Natur aus dogmengeschichtlicher Perspektive – eine Skizze. In Beckenbach, F. (Hg.), Ökonomische Naturbewertung. Jahrbuch für Ökologische Ökonomik, Bd. 2. Metropolis, 17–61.

Schelling, F.W.J. (1809/1997). Über das Wesen der menschlichen Freiheit und die damit zusammenhängenden Gegenstände. T. Buchheim (Hg.). Felix Meiner Verlag.

Schnackenburg, R. (1950). Typen der Metanoia-Predigt im Neuen Testament. In: Münchner Theologische Zeitschrift 1(4), 1–13.

Sen, A. (2002). Ökonomie für den Menschen. Wege zu Gerechtigkeit und Solidarität in der Marktwirtschaft. Goldmann, Ch. (Üs.). dtv. (Amerikanisches Original: Development as Freedom. 1999.)

Sen, A. (2010). Die Idee der Gerechtigkeit. Krüger, Ch. (Üs.). C. H. Beck.

Smith, A. (1978). Der Wohlstand der Nationen. Recktenwald, H. (Üs.). dtv.

Smith, A. (1985). Theorie der ethischen Gefühle. Eckstein, W. (Üs. u. Hg.). Felix Meiner.

Sophocles (1975/1924). Fabulae. Pearson, A. (Hg.). Oxford University Press.

Sturm, H. P. (1996). Weder Sein noch Nichtsein. Der Urteilsvierkant (catuskoti) und seine Korollarien im östlichen und westlichen Denken. ERGON-Verlag.

Syllabus errorum (1864/2005). Syllabus Pius' IX. bzw. Sammlung von Irrtümern, die in verschiedenen Verlautbarungen Pius' IX. geächtet wurden, hg. am 8. Dezember 1864. In: Denzinger (2005), 798–807.

Tadashi, O. (2002). Parmenides und Dögen. In: Röllicke, H.-J. (Hg.), Auslegung als Entdeckung der Schrift des Herzens. Iudicium, 87–104.

Teresa von Avila (1979). Die innere Burg. Diogenes.

Thoreau, H. D. (2007). Walden oder Leben in den Wäldern. Emmerich, E. (Üs.). 22. Auflage. Diogenes.

Umweltbundesamt (2025). Kultur als vierte Dimension der Nachhaltigkeit.https://www.umweltbundesamt.de/presse/pressemitteilungen/kultur-als-vierte-dimension-der-nachhaltigkeit

Victor, P. (2022). Herman Daly´s Economics for a Full World. His Life and Ideas. Routledge.

WBGU (Wissenschaftlicher Beirat der Bundesregierung Globale Umweltveränderungen) (2011). Hauptgutachten. Welt im Wandel. Gesellschaftsvertrag für eine Große Transformation. Berlin.

Weber, M. (1994): Politik als Beruf. In: ders., Wissenschaft als Beruf 1917/1919. Politik als Beruf 1919. Mommsen, W. J./ Schluchter, W./ Morgenbrod, B. (Hg.). Mohr Siebeck, S. 35–88.

Wikipedia-Artikel, „Apokalypse", abgerufen 17.5.2025.

Wikipedia-Artikel, „Gelassenheitsgebet", abgerufen 17.5.2025.

GPSR Compliance
The European Union's (EU) General Product Safety Regulation (GPSR) is a set
of rules that requires consumer products to be safe and our obligations to
ensure this.

If you have any concerns about our products, you can contact us on

ProductSafety@springernature.com

In case Publisher is established outside the EU, the EU authorized
representative is:

Springer Nature Customer Service Center GmbH
Europaplatz 3
69115 Heidelberg, Germany